能力与格局

龙泽◎著

中国纺织出版社有限公司

内 容 提 要

现代社会，信息传播渠道丰富，人们知识水平的差距逐渐缩小，曾经让你脱颖而出的才华、勤奋、努力等现在已经不足以帮助你赢得成功。正所谓格局决定结局，只有首先提升了思想境界、开拓了思维，才能拥有未来可期的人生。

本书专注于自我的成长与发展，从自我认知、自我突破、自我成长、思维和心态的调整等方面着手阐述，让读者朋友体会到格局对人生的影响，并且教会大家以大局思维应对生活和职场中的难题。以大格局为人处世，人生才会有大发展和大成就。

图书在版编目（CIP）数据

能力与格局／龙泽著.--北京：中国纺织出版社有限公司，2020. 5

ISBN 978-7-5180-7085-5

Ⅰ.①能… Ⅱ.①龙… Ⅲ.①成功心理—通俗读物 Ⅳ.①B848.4-49

中国版本图书馆CIP数据核字（2019）第296860号

责任编辑：江 飞 责任校对：王花妮 责任印制：储志伟

中国纺织出版社有限公司出版发行

地址：北京市朝阳区百子湾东里A407号楼 邮政编码：100124

销售电话：010—67004422 传真：010—87155801

http：//www.c-textilep.com

中国纺织出版社天猫旗舰店

官方微博http：//weibo.com/2119887771

佳兴达印刷（天津）有限公司印刷 各地新华书店经销

2020年5月第1版第1次印刷

开本：880×1230 1/32 印张：6

字数：111千字 定价：39. 80元

前言

从古至今，功成名就似乎是绝大多数人的终身追求，有的人成功了，有的人一生与命运对抗，还是郁郁而终。时代更迭，人们的追求却没有太大变化，但是信息的快速更迭、时代的巨大变迁给一部分人带去了机遇，也使得另一部分人更加煎熬和心浮气躁。每个人都想要获得成功，却不是每个人都能够成功，与其渴望天上掉馅饼砸中自己，不如放开格局，勇于打破常规、突破自己，换一个角度看待问题，或许从此，你的人生之路便已是开阔坦途。

想必每个人都听说过这样一个比喻：一根稻草的价值，取决于它所在的位置。和一捆柴禾放在一起，它就是柴禾的价值；捆在大闸蟹身上，它就是大闸蟹的价值；如果被做成艺术品，那它就是艺术品的价值。一根稻草的价值都会因为所在位置不同而不同，何况是人呢？只要把自己放到恰当的位置上，相信，每个人都会有无限可能的人生，这就是格局的重要性。时光如梭，生命短暂，别让格局困住了你的人生。

很多人以为，是能力和背景限制了自己的发展，其实不然。当你提升了自己的格局，很多事情也会随之而改变。首先，你的梦想会改变，它会更加切合实际且容易实现；其次，你的自我认知会改变，你会更加自信和更愿意自我突破；再者，你的选择会改变，你会敢于放弃，敢于开辟新道路。总之，你会在看问题的时候，看得更多、更远；你也能够打开思维，把问题想清楚、看明白。可以说，格局大的人就像站在山顶，可以纵观山下美景，眺望前方风光。

人生在世，秉持着大的格局就能够秉承初心，不会被眼前的利益遮蔽双眼，不会因路上的繁华迷了方向。人生在世，放开自己的格局，包容人生的万千气象，获得最好的成长和未来。

本书写给那些对未来依旧热血沸腾的人，希望它可以帮助读者朋友清楚地认知自己的特质和特长，让读者朋友体会到格局对人生的影响，并且学会以大局思维应对生活和职场中的难题。奋斗路上的人们请再次定位自己，以大格局为人处世，找到方向，实现普通人的逆袭。

作者

2019年10月

目录

第1章

格局的力量：

你的格局有多大，生命的宽度就延展到哪

你有怎样的格局，就有怎样的人生

如今，许多人非常浮躁，把金钱和权势看得至关重要，甚至因此把感情看轻了。实际上，人生的根本是什么呢？所谓的官职高低、金钱多少，对于人生并不会有本质性的影响，甚至与人生能否获得幸福也毫无关系。从本质上而言，一个人必须有格局，才能拥有更理想的人生。

什么是格局呢？仅从字面上来理解，也许你会一瞬之间想到方方正正的田字格，的确，框架也许就是对于格局最粗浅的理解。然而，格局还有深层次的意思，指的是布局，也指事情的局势。当然，把格局用在人生之中，则重点指的是人的胸襟和眼界。有格局的人总是能够站得更高、看得更远，也能够对于人生未雨绸缪、提前谋划。而没有格局的人，人生如同一盘散沙，组成生命的各种材料常常会变得松散，不可整合。在电影《一代宗师》中，有人对于格局给出了非常好的解释，那就是“看自己，看天地，看众生”。总而言之，格局就是人的内在布局，不同程度地体现在外在生活之中，从而决定了一个人的眼界、胸襟、气魄、胆识等。

很多人喜欢苍鹰在蔚蓝的天空中展翅翱翔，就是因为苍鹰能够立足高远，俯瞰大地。还有的人喜欢蛟龙，现实生活中是否有蛟龙无从得知，大家喜欢的是蛟龙能够腾云驾雾、上天入地。人人都想拥有充实精彩的人生，但是，出类拔萃的人生不是生而具备的，只有在后天成长的过程中不断地提升和完善自己，才能有的放矢地面对人生的各种改变。记住，鼠目寸光的人在人生之中很难有好的发展，只有不断地激励自我、开阔眼界，让自己获得长足的进步和成长，才能最大限度圆满人生，也才能真正让自己活出精彩和不凡来。

在现实生活中，能够成就大事者，无一不是有格局的人。那些总是盯着眼前的利益，或者为了各种不值得的小事情斤斤计较的人，一定会陷入各种被动的局面而无法自拔。所以我们一定要有大格局，这样才能让自己拥有开阔的胸襟和气度，也才能在处理很多事情的时候不再斤斤计较，而是全力以赴去做好该做的事情。任何时候，都不要觉得人生是一场戏，因为戏剧有排练和预演的机会，人生却没有。每个人对待人生都要有认真慎重的态度，更要知道人生不仅仅取决于命运，更取决于自身的努力。任何时候，我们都要尽量开阔自己的眼界，放大格局，这样成功才会不期而至。

常常有朋友抱怨，人生的道路越走越窄，到最后都不知道自己应该何去何从，实际上，这样的人生是非常被动的。作为独立的生命个体，我们必须非常辛苦和努力，也要放大格局，才能让人生拥有更开阔的道路。如果说人生是一盘棋，那么格局就是决定棋局的关键因素。在人生的过程中，我们必须用心对待每一次拼搏和厮杀，也必须更加全力以赴、运筹帷幄，才能把人生这盘棋下得恰到好处。需要注意的是，人生往往会有很多的困境和磨难，要想下好人生这盘棋，就要抓住每一次机会，做到运筹帷幄、决胜千里。

格局决定了你将获得的人生舞台

当一个人格局太小的时候，他的人生发展就会受到局限，无法打开局面。有人说，成大事者，就是人生有大格局的人。那么，格局是由什么构成和决定的呢？格局的大小，不但关系到眼界、视野，也关系到人生观、价值观和世界观。因而一个人要想拥有大格局，就先要端正自己的价值观，让自己尽量站到更高的地方，这样才能站得高看得远，从而拥有更大的格局。

有大格局的人，总是以大视角切入和透视人生，对于那些琐碎的、不值得斤斤计较的事情，他们从来不会过分关注，更不会过于计较。从某种意义上来说，大格局对于确立人生的发展方向也有密切的影响。一个人只有掌握大格局，才会具有统筹全局的能力，人生的发展必然不同。三国时期，刘备之所以能够雄霸天下，与诸葛亮的辅佐密不可分。诸葛亮就是一个有大格局的人，对于天下三分的情况，诸葛亮了然于胸，所以他才能做到运筹帷幄，一边与敌人对阵，一边气定神闲、谈笑风生。试想，诸葛亮这份工作如果让一个只关心吃喝拉撒的人来做，结果将会如何？所以说，格局决定了人生发展的方向，也决定了人生最终会获得怎样的舞台。

古人云，不为五斗米折腰，这也是格局的表现。相反，一个人如果胸无大志，把生计看得比什么都重要，那么别说是五斗米了，就算是两斗米，他们也会折腰。还记得很多年前看过一部名为《玉碎》的电影，说的就是在抗日战争时期，商人宁愿玉碎，也不愿意向日本人屈服的事情。不得不说，这样的大格局还体现了民族的气节和国家的精神，是让人心生佩服的。

人生要想天高地远，就一定要有大格局。古今中外，无数成功的人都是因为拥有大格局。杰出的科学家爱迪生为了发明电灯，一次次地实验灯丝材料，是因为他心系天下的光明。做人，千万不要把岁月静好、吃喝玩乐作为终极的追求，这样的追求和一种只会拱来拱去的动物类似，而那种动物的最终命运众人皆知，那就是被杀掉吃肉。

有大格局的人不但对于人生有着更高的理想，而且在面对工作的时候，也会把工作升华到事业的高度。他们不觉得辛苦工作的目的就是赚钱养活自己，也不觉得对于人生来说生存是终极目标。他们要活着，还要活得精彩，绝不愿意让人生碌碌无为，更不愿意苟延残喘。

有大格局的人内心笃定，不会为了人生中很多的蝇头小利就忘却初心，也不会在人生中不该拐弯的时候就拐弯。电视剧《人民的名义》中，那个在第一集就因为贪污受贿锒铛入狱的赵处长，把整个床底下都铺满了钱，却从未花过一分，反而为了掩人耳目过着艰苦的生活，就连辛苦抚养他长大的老娘都是数十年如一日只给几百块钱。很多人看到这样可笑的情节都想不通：钱不能花、不敢花，要来干吗？这正是因为赵处长的格局太小。如果他能把目光看得长远，意识到自己的仕途前景光明且远大，就不会做这样的傻事。

不局限，才有无限可能

曾经，有心理学家做过一个实验，即把跳蚤放在一个玻璃瓶子里。跳蚤在瓶子里很着急，很快就从玻璃瓶口跳出来，获得了自由。有一天，心理学家在玻璃瓶口放上了一块透明的玻璃盖板。这样一来，跳蚤每次跳到瓶口的高度就会撞到玻璃盖板上，不由得眼冒金星，天旋地转。如此被伤害的次数多了，跳蚤变得聪明起来，它们再跳跃的时候，就努力控制好力度，把跳跃的高度控制在低于玻璃盖板的高度。结果，跳蚤跳动了很多次，也没有碰到玻璃盖板。这个时候，心理学家把玻璃盖板取下来，观察跳蚤会跳跃到哪个高度，结果让心理学家很惊讶：虽然取掉了玻璃盖板，但是跳蚤依然跳到玻璃盖板以下的高度，再也无法跳出敞开着口的玻璃瓶了。不得不说，跳蚤正是因为玻璃盖板的阻挡，限制了自身的能力，才被困在玻璃瓶里。

这种现象不仅发生在跳蚤身上，现实生活中，有很多人在面对成长和发展的时候，也会情不自禁就被局限住。例如有些人在经历过一次失败之后，马上失去自信，也变得自卑和没有把握。于是，再做相似的事情时，他们常常会非常迟疑，不知道自己如何做，才能有所成就。所谓一朝被蛇咬，十年怕井绳，说的就是这个道理。此外，当外部环境不如意的时候，也有很多人会受到影响，他们或者意志消沉，或者无精打采，总之会变得非常懊丧。任何时候，我们都要有的放矢地去面对人生，只有这样，才能从容不迫地获得成长。

不可否认的是，局限是始终存在的。当局限限制了我们的发展，就会产生很大的负面作用。当局限对于我们的发展没有太大的影响，局限就不会禁锢我们。所以我们要做的不是打破局限，而是让格局变大，这样一来局限也就不复存在。

现实生活中，人人都渴望获得成功，也都希望能够远离失败，在人生的道路上一往无前。实际上，面对苦难始终畏缩和逃避的人，是人生的弱者。真正的人生强者，不但能够坦然面对和接纳命运，也能够坦然面对失败。要想成为勇敢者，在人生的海洋中弄潮，就必须拥有积极乐观的心态。记住，一个人唯有心中充满希望，才能清楚心底里的黑暗，也才能让人生拥有领航灯，拥有明确的方向。

正如人们常说的，机会总是留给有所准备的人，这句话就告诉我们必须时刻准备好，才能在关键时刻勇敢地抓住机会，才能在千载难逢的好机会到来之时绝不迟疑。勇敢的人不但时刻准备着，而且面对常规，他们也富有非常强烈的创新精神和特别强大的意志力，总能做到不忘初心，砥砺前行。

常言道，海纳百川，有容乃大，这就告诉我们一个人必须有大的格局，才能容纳更多的东西。如果心眼比针尖还小，是无论多么努力都无法获得成功的。从本质上而言，当被困难阻碍的时候，实际上不是困难本身使人害怕，而是人心中的退缩和无奈。就像有人说过，真正使人恐惧的是恐惧本身。

我们一定要相信自己的力量，也要坚定不移地做人生强者，才能在成长的道路上不遗余力、不忘初心，最终到达成功的彼岸。记住，要想成功，要想飞得更高，就要打破局限，就要拥有大格局，你准备好了吗？

有大格局的人才有大成长

现代社会中，很多人越来越急迫，他们没有耐心等待花开，也不想静听内心的声音，而是迫不及待想要获得利益。然而，一味鼠目寸光地盯着利益，不愿意付出更多，只想得到收获，这恰恰会成为他们的短板，也会限制他们人生的发展。任何时候，人生都要有格局，才能更从容，而目光短浅、眼睛里只有利益的人，是没有格局可言的。

大文豪鲁迅先生曾经说过，地上本没有路，走的人多了，也便成了路。的确，如果人人都不想当第一个吃螃蟹的人，如果人人都想占便宜而不愿意吃亏，那么这个世界就会陷入混乱的状态，也会变得越来越被动和局促。实际上，每个人都应该对于生命怀有敬畏之心，固然要脚踏实地地生活，却不要过于墨守成规。只有在大格局的背景之下，才能激发出自身的能量，有的放矢地面对人生。

急功近利的人生是要不得的，古人云，欲速则不达，其实很有道理。人人都羡慕他人的成功，也都想获得和他人一样的成功，却不能焦躁，而是要耐下心来，踏踏实实面对人生，才能有更好的成长和未来。很多人总是盯着眼前的利益，对于人生丝毫也没有长远的打算，他们只愿意为眼下填饱肚皮而辛苦，却不愿意为了未来而不懈地奋斗。殊不知，只应付眼下这一餐是没有用的，只有怀着更加长远的计划，积极主动地面对人生，才能全力以赴，实现人生的精彩与辉煌。

1950年，丰田公司濒临破产，这是丰田内部的矛盾导致的。正当此时，朝鲜战争爆发，看起来战争和丰田公司没有太大的关系，而实际上，丰田的确是因为朝鲜战争才起死回生的。美国军队从丰田公司订购了大量的卡车，然而，这个时候丰田公司已经把工业公司与销售公司分离开来。为了完成订单再把工业公司与销售公司合并显然是不可能的，那么，作为丰田的掌门人，又是怎么做的呢？

丰田的掌门人没有因为眼前的利益就盲目地做出决定，而是在经过慎重的思考之后决定避免在条件不具备的时候勉强合并。为此，他选择耐心等待合适的时机，直到20世纪80年代初，丰田公司产销分离的局面才得以终止，由此诞生了崭新的丰田公司。正是因为这样步步为营的策略，丰田公司才有了更好的发展和前景，也才有了今日的规模和成就。

很多人都想成功，而拒绝失败。然而，有的时候成功与失败之间只有一步之遥，甚至只有一念之差。在这种情况下，唯有不断地总结经验与教训，不断提升和完善自己，才能够距离成功越来越近。一个急功近利的人，或者是一个急功近利的企业甚至是国家，在面对成长的时候，都会有很多的困惑和不解。

不可否认的是，人人都有梦想，也都想实现梦想。然而，实现梦想的道路并没有那么容易走。有人说，梦想一旦确立了，就算跪着也要坚持走完。的确如此，那些能够真正实现梦想的人，那些能够在成长的道路上不断砥砺前行的人，都是真正的人生强者，也都有着人生的大格局，才能在各种情况下不断地成长起来，获得进步。对于人生而言，唯有不断地激励和成就自己，才能全力以赴奔向最美好的未来。

有格局，人生才能更开阔

现实生活中，很多人都抱怨命运不公。例如，有的孩子从一出生，他的爸爸就叫马云，而有的孩子出生在贫苦的家庭里，哪怕非常努力，穷尽一生去拼搏进取，也未必能够达到马云家孩子一出生就拥有的高度。不得不说，这完全是对马云家孩子的误解。因为出生在哪个家庭完全是随机的，不是孩子能做决定的，此外，孩子在出生的时候，他的爸爸马云还不能在互联网里的呼风唤雨和威风无限呢！既然如此，就不要再幻想自己的爸爸是马云，与其把希望寄托在别人身上，何不让自己努力成为马云一样的人物呢？这样一来，你的境界提升了，你所感受到的就不是抱怨和消极，而是充满积极的动力，督促和鞭策自己努力向前，绝不畏缩。

所谓境界，就是人的眼界、心胸和气度等的综合表现。有境界的人，人生才会更加开阔；有境界的人，也才能点燃生命的热情，赋予自己更加强大的力量。有心理学家指出，大多数人的先天条件都是相差无几的，之所以区分成功者和失败者，就是因为成功者能够怀着积极的态度面对失败，也总是无所畏惧地努力尝试，但是失败者却总是怀着消极的态度面对失败，也常常会在遭遇小小的挫折和打击之后就一蹶不振。

古今中外，大凡成功者也许没有过人的天赋，也许没有贵人相助，但是他们都有一个共同点，那就是面对失败勇往直前，绝不放弃。正因为如此，人们才说，一个人起点低没关系，最重要的是境界一定要高。看看那些成功者之中，真正的富二代少之又少，大多数成功者都是白手起家，他们最大的财富就是拥有更高的境界，所以看问题会更长远，思考问题会更深入。

毫无疑问，我们绝大多数人都不是出身豪门，这也就注定我们要依靠自身的努力才能最终与命运博弈成功，也才能突破和超越自我，成就和铸造自己。青春，就是用来奋斗的，而不是用来挥霍的。对于年轻人而言，不要以为有青春作为资本就对于生命中的一切不以为然，而是要更加珍惜时间、把握时间、才能在最美好的年纪成就自我、缔造自我。

在世界历史上，英国前首相丘吉尔是一个面对逆境，绝不言败的人。在第二次世界大战期间，英国面临很糟糕的局面，即便如此，丘吉尔也没有失去斗志和精气神。他通过广播告诉英国人民：“战争从来都是艰难的。要想赢得这场战争，我们每个人都必须冒险，都必须付出血汗，付出生命的代价，才能最终获得胜利！但是，我要告诉你们的是，我们一定会胜利，我们终将会胜利！”在丘吉尔的鼓舞之下，每个英国人都为战争贡献力量，最终获得了彻底的胜利。

战场上的胜利需要全力以赴的拼搏才能获得，在如今的和平年代，我们也要努力拼搏和进取，才能获得事业上的胜利。就像高尔基笔下的《海燕》，如果在暴风雨到来的时候不能勇敢地飞翔，那么就会坠入海水中死亡。作为一个独立的生命个体，我们不但要善于拼搏，而且要善于以自己的努力赢得更多的机遇，为自己获得成功奠定基础。

现实生活中，几乎每个人都渴望获得成功，然而成功从来不会轻而易举就获得。很多人面对人生的失意，常常抱怨自己起点低，没有良好的家世背景，却忽略了自身坚韧不拔的毅力和坚持不懈的努力。任何时候，成功都有着卑微的起点，只要你愿意从低处的起点开始腾飞，只要你在面对困难和挫折的时候从来不放弃努力，你就一定会改变命运，主宰人生！

第2章

梦想的格局：

确立人生格局，迈开追梦脚步

先树立梦想，再去实现梦想

“怀才不遇”是很多人对于那些有独特才华却又始终碌碌无为的人一个非常客气的定义。实际上，现代社会中机遇这么多，真正有才华的人很少会怀才不遇；相反，当他们努力表现自己，也用真实能力证明自己，他们就可以通过各种方式成功。正如人们常说的，是金子总会发光的，真正有才华的人也许这条路走不通，但是却会在另一条路上走出来，最终到达人生的繁华罗马城。所谓条条大路通罗马，说的正是这个意思。

古今中外，有无数伟大的人物在人生道路上获得了成功。实际上，他们之所以能够成功，并非是偶然的，只不过有些不知道内情的人看着他们是一夜成名或者轻松获得成功而已。举个最简单的例子，在牛顿发现万有引力之前，一定不是只有牛顿被树上掉下来的苹果砸中。那么，为何那些也被苹果砸到过的人，就没有发现万有引力呢？是因为他们从来不对力学感兴趣，也是因为他们从未像牛顿这样在被苹果砸中之前做好知识上的储备。因而你所看到的成功，都是别人在熬过漫长的时光之后才获得的。

当然，成功也不是蒙头乱撞就能获得的。而是要历经辛苦和磨难，而且要确立实现梦想的方向，才能不忘初心，砥砺前行，距离梦想越来越近。梦想之于人生有着重要的作用和意义。有梦想的人生得到了指引，总是能够不断地向前。而没有梦想的人生就像在漫无边际的大海上漂荡，总是难以避免无处不在的厄运。因而明智的人必须在心中树立梦想，也要切实展开行动去实现梦想，这样才能在成长的过程中不断地努力奋进，获得进步。

科学家霍金去世了，整个世界都对霍金的离去表示哀悼。这不仅是因为霍金是一位非常杰出和优秀的科学家，也因为霍金身残志坚，始终奋斗在科学的道路上，为更多的普通人做出了榜样。

霍金有着幸福的童年和少年时光，然而，在20岁前后，霍金被诊断患上了严重的疾病，从此肌肉严重萎缩，不得不被禁锢在轮椅上。然而，在霍金遭到如此厄运打击的情况下，命运也没有停止捉弄霍金。后来，霍金因为严重肺炎，接受了穿气管手术，从此之后，他连说话的能力也失去了。试想一下，一个人全身瘫痪，全身上下只有三个手指头能够勉强活动，这是多么残酷的打击啊！但是霍金没有因此而放弃自己，更没有被厄运打倒。他始终在全力以赴进行科学研究，在被医生宣判只能活两年的情况下，仍勇敢无畏地活了下来，为科学事业贡献了自己的力量。

不得不说，霍金是一位胸怀大志，有远大梦想和理想的人。正因为如此，他才能够拥有大格局，没有因为厄运突如其来就对人生失去希望。我们中的大多数人都比霍金幸运，至少我们的身体是健康的。既然如此，我们一定要树立理想、拥有志向，这样才能在人生道路上勇往直前、无所畏惧，始终坚持不懈、努力奋进。

不看一时成败，努力获取进步

一个人暂时获得了成功，并不代表一生之中都可以顺遂如意，永远与成功相伴。同样的道理，一个人暂时遭遇了失败，也并不代表一生之中都将一蹶不振，永远与失败纠缠。只要保持健康良好的心态，在成长的道路上我们会拥有很多的机会。或者成功或者失败，与其说是外界导致的，不如说是我们的内心导致的。很多成功人士在人前光鲜亮丽，头顶光环，得到了无数人的羡慕，而实际上，在成功之前，在成功背后，他们付出了很多的辛苦和努力。在真正获得成功之后，打江山容易，守江山难，他们依然要持续地努力，才能够保持成功的状态。当然，作为失败者，更要勇敢地突破和超越自己，这样才能够随着不断的成长获得更大的进步。

遗憾的是，现实生活中，大多数人都碌碌无为、平凡无奇，这不是因为他们没有特别的天赋，也不是因为他们没有得到命运的青睐，如果你认真仔细地观察他们，就会发现他们其实有着不同寻常的过往。曾经，他们也光鲜亮丽、春风得意；曾经，他们也获得了伟大的成就，被他人羡慕；曾经，他们也是媒体争相报道的对象，但是他们却被成功冲昏了头脑，一味地沉迷于成功的喜悦之中，迷失了自我，也没有很好地把握成功。影视剧明星范冰冰可以说在娱乐圈曾达到了巅峰状态，吸引粉丝无数，也成为娱乐圈里的人羡慕的对象。然而，因为偷税逃税的问题，她的人气一落千丈，从以往的众人仰慕到如今的众人嫌弃，不得不说这是她迷失在成功的光环中导致的。

很多人在历经千辛万苦获得成功之后，却很容易迷失在当下，就是因为他们没有守护成功的果实。他们在成功之后得意忘形，完全忘记了自己应该做的事情，最终导致自己辛苦打拼来的成功果实付诸东流。获得成功固然很艰难，但守住成功的果实却是更难的。人们在得意的时候常常容易忘形，忘记了自己曾经辛苦的努力，忘记了自己的初心。要知道，在生命的历程中，很多情况都处于不断的发展变化之中，人们常常会因为各种原因而迷失自我，在这种情况下，他们根本无法感受到自身出现的诸多变化，因而不知不觉就走入人生的死胡同。

作为一名新入职的推销员，乔乔的推销业绩在公司里首屈一指，这让她成为公司里的大红人，大家都想认识乔乔，学习一些推销本领。那么乔乔为何能够在销售领域做出如此杰出的贡献呢？是因为她很擅长说话，情商也很高，还学过心理学，所以进入销售行业之后，她如鱼得水，完全看不出来是新入行的人，反而给人一种老练的感觉。

进入公司3个月，在年会上，乔乔就作为公司的银牌经纪人代表上台发言。在台上，乔乔看到台下坐着很多的同事，抬头看看头顶上的聚光灯，不由得感到有些眩晕。她从未想到自己有一天会顶着如此的光环，在主持人的建议下，她决定和大家分享她的销售心得。

乔乔越说越起劲，居然拿着话筒在讲台上开始踱步。她一边悠闲地踱步，一边说，完全忘记了时间。看到乔乔的表现，主持人显然有些着急，因为台下还有很多重要的嘉宾和公司的重要领导人，乔乔这样子不知道天高地厚，显然会引起大家的反感。主持人暗示乔乔，想让乔乔结束发言，把话筒要回来，但是乔乔显然很享受这样的感觉，居然走到主持人前面，背朝着主持人，继续在讲台上走来走去。自从这次会议之后，乔乔就如同骄傲的小公鸡，对待工作再也没有了之前脚踏实地的态度，她总觉得自己是银牌经纪人，自己毫不费力就能有更好的表现。就这样过了几个月，乔乔每个月的业绩都很糟糕，最终被公司辞退了。

如果乔乔能够谦虚一些，理智地和同事们分享经验，也能够积极主动地向其他同事学习，那么相信乔乔在未来的职业生涯中会有更好的表现。遗憾的是，乔乔被胜利冲昏了头脑，她只想表现出自己的优势，而忽略了其他人的感受。在这样的心理膨胀之后，她根本没有心思继续努力，更没有认识到继续努力工作的重要性，因而没有有效地保持工作的积极性，反而在工作领域一落千丈。

在每个人的生命之中，万事万物都在不停地发生着改变。一个人要想与时俱进，在成功之后再接再厉，勇攀高峰，那么就一定要客观正确地认知自己。尤其是在获得成功之后，容易被成功的喜悦冲昏了头脑，以致很难认清楚自我，在这种情况下，人们非但无法感受到自身的变化，甚至无法接纳别人给予的建议和意见。古往今来，那些伟大的人物都是不耻下问的。他们保持着空杯心态，经常向身边优秀的人学习，从而扬长避短、取长补短，最终脱颖而出。即使在获得成功之后，他们也从来不会得意张狂，而是依然谦逊友善。正是因为如此，他们才会变得越来越优秀，真正守护了成功的果实，继续保持成功的状态。

与其盲目地羡慕别人，不如从当下开始就非常努力，这样才能够在认清楚自己之后努力提升自己、完善自己。不管是面对失败还是成功，我们都要怀着坦然的心态，失败了不气馁，成功了不骄傲，唯有如此，我们的未来才会越来越美好。

有远见，人生才有未来

什么是远见呢？顾名思义，远见就是站得高看得更远的眼光。如果在谷底，我们只能欣赏到眼前的绿草茵茵、溪水淙淙，而根本不可能看到更远处的风景。如果在山腰，我们就可以看到对面山上的情形，但是无法越过对面的山看到更远的地方。只有站在山顶，才能站得高看得远，才能眺望到遥远的地方，也因此而视野开阔。从小生活在大山里的孩子，如果看到了山外更辽阔的地带，就会萌生出走出大山的想法，人生也会因此变得与众不同。由此可见，有远见，人生才有未来。不仅孩子要有远见，成人更要有远见，才能看到遥远的未来。

远见不但与未来密切相关，而且关系到人生拥有多少财富。这是因为有远见的人，往往可以把事情看得更加长远，为此他们也可以看到先机、抓住先机。相反，有些人没有远见，对于那些能够致富的机会，他们总是因为无法发现而变得非常迟疑，直到别人抓住了机会获得成功，他们才恍然大悟：曾经，有一个机会摆在我的面前，而我没有抓住……不得不说，这样的懊悔根本于事无补，而且这样的机会一旦失去，也很难再次得到。真正有远见卓识的人，他们会先于他人看到千载难逢的好机会，也会更加积极主动地去抓住机会，果断地创造财富。

1973年，比尔·盖茨正式成为哈佛的学生，就读大学一年级。盖茨早在读初中的时候就表现出对于电脑的热情和痴迷，即使升入大学，他对于电脑的喜爱依然有增无减。为此，他在学习课程之余经常会逗留在电脑教室里，或者自主地研究编程，或者玩一些游戏。那时，盖茨就已经认识了后来的事业合作伙伴保罗，他和保罗住在同一个楼层，而且保罗和盖茨一样痴迷于电脑。

1975年，盖茨和保罗一起承接了一家电脑公司的编程任务，在几个月的时间里，他们废寝忘食，完成了该公司的程序语言。他们的工作得到了公司领导的肯定，公司还给了他们一笔丰厚的报酬。这次小试牛刀让盖茨对于计算机的前景更加了解，对于自己的编程能力和水平也更有信心。他突然意识到计算机的发展之快让人无暇应对，而他也等不及大学毕业，就要去开创自己的事业。为此，他在19岁的时候辍学，和保罗一起成立了微软公司，进行个人计算机软件开发。一切正如盖茨所预料的那样，计算机产业发展迅速，让人目不暇接。而他抓住了这个机会，最终成为世界首富。

盖茨能拥有如今的成就，都得益于他的眼光和坚定不移的信念。如果不是有远见，盖茨为何为了创办公司，而从哈佛大学退学呢？要知道，哈佛大学是世界高等学府，有多少学子那么努力和辛苦，就是为了能进入该学校学习。但是，盖茨的成功不是因为退学，而是因为格局和远见。退学，只是他在心中有大格局的情况下做出的明智选择。其实，当年盖茨曾经邀请另一位同学一起辍学开办公司，但是那位同学坚持要完成学业再去开创事业。后来，这位同学又用了10年的时间完成学业，而盖茨已经成为软件王国里的绝对霸主。如今，这位同学是一位教授，不知道想起当年盖茨曾经邀请他一起创业的事情，他是否会有些许的遗憾呢？正是因为没有远见，他错过了和盖茨一起打造微软帝国的机会。

众所周知，没有人能一口吃成胖子，也没有人能够一蹴而就。任何时候，财富的积累都是一个漫长的过程，作为普通人，不要做着一夜成名的美梦，而是要脚踏实地做好自己该做的每一件事情，才能一步一步地进步。古人云，不积跬步无以至千里，不积小流无以成江海。我们也要说，唯有有远见、当机立断的人才能抓住千载难逢的好机会，也才能在人生的道路上勇往直前、绝不畏缩。

打开格局的第一步是打开视角

在中央电视台《味道》栏目中，有一期节目有这样一个情节：主持人想要驱赶驴子拉磨，但是驴子就是停在原地，不愿意动。这个时候，主人拿出一块黑布，把驴子的眼睛遮挡起来，结果驴子就开始朝前走。主持人很奇怪，一问才知道，原来，主人通过把驴子眼睛蒙起来的方式，欺骗驴子不是在原地转圈。其实，驴子是很笨的，所以才会在蒙上眼睛的情况下朝前走，还误以为自己日行千里，实际上却始终在围着石磨打转。由此可见，视角是非常重要的。作为人，不要自欺欺人。

很多时候，人也和驴子一样，总是在原地转来转去，还自以为走了很远，获得了成长，实际上却始终停留在原地止步不前。甚至有些人根本不愿意睁开眼睛，而只想闭着眼睛面对人生中的一切。在这种情况下，他们的视角越来越狭窄，人生也越来越局限。要想拥有大格局，要想在人生之中获得长足的进步和成长，我们就必须打开自己的视角，让自己从更多的方面看待问题，获得成长。

这就像是住房子，你是希望住在大房子里，还是喜欢偏居一隅，故步自封呢？毫无疑问，视角就像是思维的房子，只有把视角扩大，思维才有了更大的回旋空间。否则，当人们总是被视角局限住，就会在思考问题的时候因循守旧，根本不会取得质的突破和飞越。

随着时代的发展，曾经只出现在神话传说中的飞天梦想变成了现实。为了让航天飞机顺利升空，科学家和工程师们付出了无数的艰辛与努力。在航天飞机准备发射阶段，一位工程师发现有个零件的位置不对，很有可能导致推进器发生故障，从而使得整个飞天工作陷入失败的恶劣局面。为此，这位工程师决定延迟飞天的时间，在航天飞机飞天之前解决问题。工程师带领整个团队夜以继日地工作，把所有的数据都重新核算了一遍，也对于解决问题想出了无数的方法，但是最终结果都不能使工程师满意。

时间飞快地流逝，航天飞机还停在原地，工程师却因为废寝忘食地工作导致身体抵抗力变得很差，突发阑尾炎。医生决定给工程师进行手术，切除化脓且即将穿孔的阑尾，但是工程师满脑子想的还是零件的问题，突然，他脑海中灵光一闪：化脓的阑尾可以切除，如果那个零件没有必要必须存在，为何不能将其取消呢？最终，工程师在医院里的病床上召开工作组会议，大家全都同意摘除这个航天飞机上的“阑尾”，问题迎刃而解。

人的思维都有惯性，这就是心理学上所说的思维定式。很多时候，人被局限在思维定式里，却毫无知觉，也就无法有的放矢地打破思维的铜墙铁壁，导致思维无形中受到局限，也使得人生的发展被禁锢。这就像是思维的盲区一样，在思维的世界里，有的时候人们也像是被蒙上眼睛的驴子，只能看到眼前的这一片黑，甚至无法意识到自己的眼睛被蒙住了，误以为一切本来就应该是黑色的。

人生之中，要想有创新思维，或者创造性地解决问题，就一定要打破思维的墙壁、突破思维的局限，这样才能推陈出新，想出更好的解决办法。世界原本就是天高地远非常开阔的，我们完全没有必要把自己局限在思维的一个角落里，导致自己被困顿住。只有视野开阔的人，才能在成长的道路上不断地拓宽自己的人生天地，也才能勇往直前走出属于自己的人生道路。有人说，思想有多远，人生就能走多远。我们也要说，视角有多么开阔，思维就有多么开阔。由此可见，打开视角，是让人生精彩无限的关键举措之一。

有眼光的人，未来不会受局限

俗话说，站得高，看得远。的确，当一个人处于低洼的地方，是不可能看到更远处的风景的，他的视野也就局限在眼前的方寸之地，自我的成长也受到很大的约束，其人生自然也受到禁锢。相反，当一个人站在高处，就可以看到远山、看到大海、看到人生中更加辽阔的风景，他的心胸也会变得更加开阔，他的人生必然天高地远，有更为广阔博大的空间供给他发展和成长。为此，很多人说贫穷可怕，很多人说没有知识可怕，很多人说从未见过世面可怕，而实际上真正的可怕是没有眼界，目光短浅。一个人如果心怀远大，在人生中看待很多问题、做很多决定以及做很多事情的时候，都会让自己有更大的格局。而一个人如果心眼比针尖还小，看任何问题都局限于眼前，那么他不管在人生之中做什么，都只能看到眼前，人生和未来都会受到局限与禁锢。从这个角度而言，一个人可以很穷，可以不学识渊博，但是一定要有眼光。

曾经有一位科学家说，只有站在巨人的肩膀上才能取得更好的成就。那么，如何提升眼界呢？要想让眼光更长远，人生的格局更大，就要积极学习。毕竟新生命在呱呱坠地的时候什么也不懂，是因为不断地学习，看到更多的风景，经历更多的人和事情，也通过学习的方式让自己掌握更多的知识，智力得以不断的提升，所以才会知道更多、懂得更多，也才能够让自己到达人生新的高度，看到人生中从未见识过的风景。

曾经有一位富人，年轻的时候很穷，经过一生的打拼，才跻身富豪之列。在即将离开人世的时候，他留下了一道谜题，并且准备了巨额奖金，要把奖金留给猜出谜底的人。在富人去世后，律师把富人的谜题刊登在各种报纸杂志上，面向全国征求答案：和富人相比，穷人缺少什么？很快，律师就收到了很多人的信件，他们在信件里给出了各种各样的回答。有人说穷人缺少知识，有人说穷人缺少金钱，有人说穷人缺少权势……到了揭晓谜底的日子，律师和公证处的人一起揭晓了谜底，原来富人给出的谜底是“野心”。在数以万计的信件之中，只有一个十几岁的女孩猜中了答案。有人采访女孩，问她是如何想到答案的。女孩说：“我姐姐正在读初中，每次她把男朋友带回家里约会的时候，看到我在看着他们，她总是恶狠狠地告诉我‘不要有野心’，我想，‘野心’一定是非常可怕的东西。”

原来，女孩是这样想到野心这个答案的，相信在姐姐不断地“威胁”下，她一定深刻意识到野心的力量和可怕。原来，和富人相比，穷人最缺少的是野心，他们总是安守本分，从来都没有意识到有朝一日要改变贫穷的生活，反而甘于贫穷，与贫穷安然相伴。野心，实际上和眼界、梦想等有着异曲同工之妙。一个人只有心里有理想，才能朝着理想去努力，而一个人唯有看到别样的人生，才会努力拥有别样的人生。所以要想在人生之中有更好的发展，我们一定要有眼光，也要以眼光来指引自己朝着理想的方向努力奋斗，这样才能在生命历程中有更好的成长和更美好的未来，也才能在不断努力进取的过程中获得更好的结果。

常言道，思想有多远，人生就能走多远。也有人说，心有多大，人生的舞台就有多大。实际上，不管是思想还是心的天地，都是由人生的格局决定的。我们一定要有人生的大格局，也要让自己的眼光看得更加长远，这样才能在人生道路上始终都充满力量、努力向前，最终到达人生的巅峰，实现璀璨辉煌的人生。

要想让自己的眼光更加独到犀利，我们还要培养自己的前瞻性。很多人走一步只能看一步，而有的人在走出一步之后，能看到未来的第二步、第三步，甚至更远的地方。毫无疑问，这样走一步看三步，才能在人生之中有更好的成长，也才能对于人生谋篇布局，使得人生按部就班得以发展和推进。当然，这样的前瞻性并非是与生俱来的能力，而是我们在现实生活中不断地努力成长，用心感受生活中的很多事情渐渐形成的。俗话说，不经历无以成经验，唯有对于人生和未来有更明确的判断，我们的努力才会事半功倍，我们的人生才会水到渠成。当然，无论眼光多么独到和长远，努力都是必不可少的。任何人，要想获得成功，都要坚持努力，因为努力是通往成功的唯一途径。

第3章

自我认知的格局：

客观衡量自己，发掘自身潜力

不要随意地否定自己

生活中，人们常常会模糊自己真实的内心，习惯于在心里给自己设限，不仅无法释放潜能，反而会产生一种挫败感，导致最后还没有翱翔于蓝天就落地了。如果习惯了自我设限，那么心就会失去向上生长的动力，只能在限定的范围里挣扎、无助。

不管你们遭遇了什么样的挫折，都不要随意地否定自己，否定自己就意味着扼杀自己的潜力和欲望。许多人不敢去追求梦想，不是梦想太远，而是因为他们已经在心里默认了一个“高度”，这个高度常常使他们受限，以至于他们无法看到未来确切的努力方向。

每个人身上都隐藏着巨大的、无限的潜能，简单地说，你所能做到的事情远比你想象的要多很多。许多人总是以自卑的心态来估量自己的能力，总认为自己的能力不够，怯于尝试，导致自己潜在的能力无法真正得到发挥。当然，这也是大多数人无法释放自己潜能的原因。

在生活中，许多人不敢追求成功，原因并不是追求不到成功，而是他们在还没有开始追逐之前就在心里默认了一个“高度”，这个高度常常暗示自己：成功是不可能的，是没办法做到的。“心理高度”成为人们无法取得成功的根本原因之一，自我设限是一件很悲哀的事情，跳蚤并非失去了跳跃的能力，而是它们在受挫之后变得麻木了、习惯了。所以，我们要将成功的信念注入血液之中，不断地告诉自己“我能行”“我努力就一定能成功”“我是最优秀的”，不断增强自信心，勇于向成功奋进。

邦妮进入大学后，非常喜欢垒球运动，于是她报名参加了学校的垒球队，与许多同学一起接受严格的垒球训练。有一天，教练安排同学们站成一排，互相之间练习击球。同学们都发挥得很好，邦妮却没那么幸运，她总是没办法击中目标。看着邦妮笨拙的动作，同学们议论纷纷：“她或许是来错了地方。”听到这样的声音，邦妮非常懊恼，为了不拖累同学们，她主动请求离开球队。

面对邦妮的请求，教练却置之不理，他只是对邦妮说：“我想是手套出现了问题，你并没有什么问题。”第二天，教练给邦妮带来了一副手套，鼓励她：“这副手套帮助我赢过不少比赛，戴着这副神奇的手套，你肯定会成为最棒的队员。”邦妮对教练的话深信不疑，经过一学期的训练，她果然成为最棒的队员。

邦妮的成功，看似来自那副“神奇”手套的力量，不过显而易见，手套并不会具备如此的魔力。当邦妮接过手套的那一瞬间，她就已经突破自我设限，她相信“神奇”的手套会带给自己成功，更坚信自己。在教练的鼓励下，她扩大了自己原本设定的能力范围，重新拾起信心，通过努力成为最棒的队员。

许多人在面对挫折与困难的时候，心底都会传出这样的声音：“我做不到。”自己束缚了内心，最终，他真的没有做到。一旦自我设限，并且认定自己就是个什么样的人时，他就是在否定自己，甚至不会自我挑战，只想任由自己一直如此下去，而这终将导致自我毁灭。

“我做不到”是一种逃避的心态，在还没有开始之前，他就先被打倒了。如果对人生始终报以这样的逃避心态，那么，将会为自己留下许多难以弥补的遗憾。因此，人们应该突破内心的束缚，当心开始恐惧的时候，应该大声对自己说：“你一定能做到。”不断地暗示自己，释放出真实的内心，以此获得最后的成功。

俄国著名戏剧家史坦尼斯拉夫斯基在排练一场话剧时，女主角临时受伤不能参加演出。由于时间很紧，史坦尼斯拉夫斯基决定让身边的姐姐来扮演这一角色。姐姐也是一名话剧演员，不过从来没出演过主角，内心自卑而又紧张的姐姐在排练时表现得非常糟糕。史坦尼斯拉夫斯基尽管有些不悦，但还是笑着鼓励姐姐：“别担心，其实你可以表现得更好。这次你是话剧的主角，你要相信我的眼光，同时更相信自己的能力。”这时全场响起了掌声，大家都在为姐姐鼓掌加油。

姐姐大受鼓舞，坚定地说：“我一定会演得很出色！”在接下来的表演中，姐姐不再像之前那样自卑、羞涩、拘束，表现得非常自信。结果，这部话剧大获成功，史坦尼斯拉夫斯基幽默地对姐姐说：“话剧舞台上又多了一位大艺术家。”

史坦尼斯拉夫斯基的姐姐演出成功，全是因为受到弟弟的鼓励而突破了自我设限，使得积聚在她身上的表演潜能迸发出来。亲爱的朋友，学会释放真实的自己吧，突破自我设限，你才会找准人生的方向。

有人这样种南瓜：当南瓜只有拇指大的时候，就把它装在罐子里，一旦它渐渐长大，就会把罐子内的空间占满，等到没有多余的空间了，它就会停止生长，于是，南瓜就一直维持在罐子里的那种形状。我们的心就如同南瓜一样，它若习惯了自我设限，在被束缚的范围里就不能自由生长，它会逐渐失去向上生长的动力，只能在原地徘徊。

束缚源于内心的不确定或者不自信，当我们能够坚定地告诉自己“一定能行”，从内心深处建立起强大的自信，这种不确定或者不自信的束缚就会消失，从而释放出真实的自我。所以，在人生前进的路上，不要忘记告诉自己“一定能行”！

你要知道，自己想要怎样的人生

一个人的人生最终会呈现出怎样的样子，不是由命运决定的，而是由自己决定的。知道自己想要怎样的人生，是如愿以偿获得想要人生的关键。遗憾的是，在现实生活中，偏偏有很多人都不知道自己想要怎样的人生，也常常会在迷惘和徘徊之中失去人生的很多机会。不得不说，这种不知道的状态会导致人生如同在漫无边际的大海上航行，也会使得人生变得更加糟糕。所以一个真正明智的人，在做事之前，会先问清楚自己的内心，唯有如此，才能在人生的道路上目标明确，勇敢无畏地向前。

知道自己想要怎样的人生，说起来很容易，也许用幻想就能规划人生，但是做起来却很难，因为想象与现实之间隔着遥远而又漫长的距离。每个新生命从呱呱坠地的那一刻起就成为这个世界上独一无二的生命个体，为此，必须非常努力且辛苦地面对人生，才能更加坚定不移、执着前行。如果稍有懈怠，也不知道自己的梦想所在，就会迷失方向，在人生的海洋中不知所踪。所以最关键的在于，一定要非常勤奋和辛苦，才能持续地进取，不间断地努力。

在这个世界上，人与人之间的先天条件其实相差无几，之所以活出来的人生各不相同，有的人登上成功的巅峰，而有的人却始终在谷底徘徊，就是因为他们面对人生的态度不同。

任何时候，我们都要认真地思考人生。所谓磨刀不误砍柴工，如果不思考人生，总是浑浑噩噩地活，那么也许付出很多，最终却没有得到想要的结果。相反，只有清醒的人生才能目标明确，所以身未动，心已远，人生必须在思考先行的基础上再努力地付诸行动，才能取得更好的结果。

奥斯特洛夫斯基在《钢铁是怎样炼成的》中写道："人，最宝贵的是生命。对于每个人来说，生命都只有一次机会。"的确，爱下象棋的人也这样形容人生：落棋无悔。这都是因为人生没有重来的机会。要想把控人生，我们作为普通而又平凡的生命，必须尊重人生，也必须努力地经营好人生。唯有如此，我们才能在成长的道路上不断地向前，努力地进取，也才能在成功的路途中坚持奋进、绝不懈怠。

每个生命都是人生的过客，也是时间的旅者。然而，这并不意味着我们就要随着时光长河的流淌而漫无目的地前行。即使生命短暂得如同白驹过隙，我们也要非常努力，才能一往无前，保持进步的姿态。有人说，每个人都是自己的上帝，都是自己的救世主，这很正确。对于每个人而言，只有自己才能拯救自己，而不是其他任何人。

从此时此刻开始，我们就要收回命运的主权，不因外界的任何风吹草动而改变自己，也不因他人的随意评价和否定就彻底迷失自己。要知道，真正的人生把握在自己手中，每个人唯有在人生的道路上一往无前地进取，才能最大限度激发生命的力量，也才能全力以赴过好属于自己的人生。所以赶快开动脑筋想一想自己想要怎样的人生，也许这会耽误你一些宝贵的时间，但是这是为了更加珍惜生命的时光，也是为了让你在成长的道路上不忘初心，砥砺前行。

准确地认知自我，帮助自己找准人生

别人借我们过去所做的事判断我们，然而我们判断自己，却是凭将来能做些什么事。一个人名声的好坏、能力的高低，是别人从事物的外表下的定义，根本就不是这个人的本质，自己真正的能力，只有自己心里最清楚。而我们所缺乏的就是：自我认知的能力。

我们需要拥有全面认识自己的能力，全面认识既包括认识优点也包括认识缺点。一旦没有真正地认识自我，将导致自负或自卑等心理，最终这些负面的心理会影响到一生的发展。从认知自己到塑造自己，这是一个美好的人生历程。

自我认知是一种严谨的人生态度，自信而不自满，无论是春风得意还是失败困惑，我们依然保持最平常的心态。拿破仑一生战功赫赫，晚年却遭遇了“滑铁卢”，此时他依然贪恋富贵，企图复辟王朝，最终在绝望中死去。准确地认知自我，在于认清自己的优势与劣势，发挥优势，避开劣势，合理规划，有助于帮助自己找准人生。

只有清楚地认知了自己，才有可能获得成功的人生。然而，一个人最难认知的就是自己的内心，最难以回答的就是：我是谁？我想要的生活是什么？不过，当你清楚地认知了自己，就能够在这个世界上找到最基本的出发点，就能够去善待他人。

认识自我是一个严肃而漫长的过程，人的一生就是不断认识自己的过程。

23岁的村上夏子进入日本利多保险公司，开始自己的职业生涯，她迫切地希望能在保险行业施展拳脚。不过，刚开始进入公司的村上夏子业绩比较差，一个月也签不了几份合同。

有一次，村上夏子向一位老者推销保险。听了她详细的介绍之后，老者一脸平静："你介绍完了吗？不过我并不想买保险。"听到这样的话，村上夏子有些失落，她打算离开向下一个顾客推销保险。这时老者叫住了她，说出自己的建议："姑娘，不管出于什么样的理由，诸如像我们今天这样面对面聊天是很常见的事情。不过，你需要具备一种强烈的吸引人的魅力，如果不具备，你将无法留住这些顾客。"村上夏子感到很疑惑，不过却无言以对。老者继续说："年轻人，如果你想培养这种魅力，那不妨先认清自己，找出自己的优势。"这样的话让村上夏子很感兴趣，她又重新坐下来，听老者说话。老者拍了拍她的肩膀，说："你在向别人推销保险之前，先看清自己，挖掘出自己的优势，然后用这些闪光点来吸引对方。"

村上夏子向老者请教："那么，我该如何做才能成功呢？"老者笑着说："当你客观地注视自己，全面而又彻底地认清自己，挖掘并放大身上的每一个闪光点，那么你就具备强大的吸引力了。"

老者的话让村上夏子很受启发，甚至改变了她的一生。尽管她这次推销保险并没有获得成功，不过她却收获了比卖出保险更有价值的东西。认清自己，找到自己的闪光点，这是村上夏子需要做的事情。从此，村上夏子在推销保险时融入了自己的个人魅力，她身上迸发出更强烈的魅力，最后她如愿成为日本保险界的推销大师。

在这个世界上，每个人都是精彩的，世界也会因每个人的与众不同而精彩。我们应尊重自己的个性，并因此而自豪。我们不用总是羡慕他人的才能，也不必埋怨自己的平庸。每个人都有自己与众不同的闪光之处。对自身认识不准确，不论是妄自尊大还是妄自菲薄，都会影响我们能力的发挥。一个人取得成功的影响因素有很多，如机遇、环境、心态、努力等。不过，还有重要的一点不容忽视：成功最终需要靠人的自身优势。

萨丽是美国一家上市公司的副总裁，听到这样的头衔，你肯定会对她的学历有诸多猜测，甚至认为她肯定毕业于名牌大学，拥有无数的实战经验。但是，我需要告诉你们的是，萨丽只有高中文凭。她所经历的一切，可称为传奇。现在，我就给大家讲讲她的故事。

21岁那年，萨丽决定到得州一家公司应聘一份推销员工作。不过，由于该公司是美国著名企业，薪水高，所以有许多人慕名而来，其中还有很多名牌大学毕业生。面对这些学历高过自己、工作能力也有可能高过自己的对手，萨丽并没有灰心，她相信自己有可取之处。

但是，面试时，所有的人都面试完了，萨丽却始终没有听见自己的名字。坐不住的萨丽主动走进办公室询问情况。负责面试的四位主考官准备离开，萨丽说明了情况，其中一位主考官礼貌地告诉她："你的简历我们看过了，我们觉得以你的文凭无法胜任这份工作，而且我们已经找到合适的人选了，还是请你另找其他工作吧。"

听到这样的话，萨丽依然不放弃，她恳求主考官给自己一次机会。同时，萨丽拿出自己在学校参加演讲比赛的获奖证书给主考官们看，并主动推销自己："尽管我没有上过大学，但我也有许多优点，如我出色的口才，我想这是推销员的基本能力吧。"主考官们面面相觑，萨丽开口请求主考官让自己进入公司实习，不拿工资也行。最终，她说服了主考官们，成为公司的实习生。

在实习期间，萨丽认真学习业务知识，空闲时刻就寻访潜在的客户，努力说服他们与公司合作。没想到短短一个月下来，萨丽为公司创造了新人推销业绩的新纪录，成为公司的正式员工。

萨丽拥有出色的口才，这无疑对她的销售工作是如虎添翼。几年后，仅有高中文凭但口才出众的萨丽晋升为经理。后来，她成立了自己的公司，而且公司在她的带领下日益壮大。

成功者总是找出自己的闪光点，且将其发挥到极致，所以才成功。认知自我是一种胜不骄败不馁的从容，需要冷静地思考，这样才有机会赢得最后的成功；认知自我是一种高度自立的洒脱的生活方式，看清生命的本真，创造出属于自己的人生价值；认知自我是一种有高度责任心的反省，将勇气与真诚注入自己的言行中，认清前面的方向。所以，剖析内心，在忙碌之后不忘与自己做一次深入的交谈，从而拥有自我认知的能力。

你有发现自己身上的闪光点吗？永远记住，每个人身上都是有闪光点的，只是有些人还没找到而已。如果你希望就此对自己的人生进行合理的规划，准确定位自己的人生，又或是赢得事业上的成功，那不妨先认清自己，放大自己的闪光点，因为你的不同会让这个世界更精彩。

笃定地做好自己，以不变应万变

很多人都羡慕别人的成功，因为他们只能看到别人成功之后的光鲜亮丽，而不能理解别人在成功之前付出的艰苦卓绝的努力，也不知道成功者为了成功熬过了多么漫长难熬的岁月。实际上，世界上从未有一蹴而就的成功，也不可能有天上掉馅饼的好事情。我们必须端正心态，不要想着别人的成功是多么容易就获得的，而是要想到在成功之前他们都经历了难熬的阶段，也付出了百倍的辛苦和努力。

也有一部分人为了获得成功，总是盲目地模仿他人，误以为这样就能获得和他人一样的成功。殊不知，人人都是这个世界上特立独行的生命个体与独一无二的存在，人人都要非常辛苦和努力才能活成自己的样子。如果一味地模仿他人，而失去了自己的独特个性和不同魅力，那么也就无所谓成功。做人，最重要的是活成自己的样子，做最真实的自己，才能谈得上迈出了通往成功的第一步。否则，再大的成功却不是真实的自己，又有什么意义呢？

彤彤大学毕业后没有考研，而是回到家乡生活，从事着一份在大多数人看来很好的工作，衣食无忧，旱涝保收。后来，同学之间兴起了出国热潮，彤彤也很努力地考取了托福，并且收到了外国一家大学的录取通知书。爸爸妈妈看到彤彤真的要出国，这才慌了神，几次三番阻挠彤彤，说："你现在都这么大的年纪了，理应处理个人的事情，结婚生子，如果这个时候去国外读书，回来都成老姑娘了，连男朋友都找不到。"就在这个时候，彤彤的好友小菊也收到了同一家大学的录取通知书。小菊极力劝说彤彤和她一起出国，彤彤最终没有扛住家人的压力，选择留下来。

转眼之间，彤彤在家人介绍下找了个对象按部就班地结婚生子，工作上却没有起色，就是混日子。而小菊呢，在出国之后读书的3年时间里，不但学业上突飞猛进，而且认识了一个非常合心意的男朋友，男朋友还是博士生呢！彤彤懊悔不已，觉得小菊才是人生的赢家，感情事业双丰收。

如果彤彤当时能够更加坚持自己内心的想法，也全力以赴去留学，那么她的人生就会截然不同。在人生之中，很多人都因为缺乏坚持而迷失自己，也会因为内心不够笃定，导致在人生成长的道路上走很多弯路。任何时候，都不要盲目地羡慕他人，而是要坚定不移做好自己，才能全力以赴奔赴属于自己的成功与美好未来。

记住，每个人都有属于自己的人生，不要把别人的光鲜亮丽直接套用到自己身上，也不要用自己的人生标准去衡量别人。一个人只有明确自己想要怎样的人生，也只有笃定地做好自己，以不变应万变，才能在成长的道路上更加从容不迫，也才能在坚持的过程中最终做好自己，守得云开见月明。

每个人都是自己的上帝，与其迷信别人的经验，不如怀着理性的态度参考别人的成功经验，从而取其精华，去其糟粕，也成功地赢得自己的未来。记住，任何套用哪怕获得好的结果也是失败，因为人生最大的成功就是活出自己的充实与精彩，就是让自己变得无可替代。从此时此刻开始，你就要做自己，扛起人生的大旗，为自己的未来摇旗呐喊，也为自己的人生增光添彩！记住，你的人生是否精彩，取决于你对人生的挖掘程度，也取决于你面对成功的态度！

常常自我审视，才不会把路走歪

大多数人每天清晨起来洗漱的时候，都会看着镜子里的自己，面对着熟悉的面庞，也常常会感到陌生，这是为什么呢？这是因为人虽然已经看惯了自己的脸，但是对于自己的内心却因为缺乏反省，而缺少理解。正因为如此，人们才说每个人都是自己最熟悉的陌生人。古人也说，要一日三省吾身，才能获得更好的成长和发展。如果蒙头成长、漫无目的，也没有明确的目标，是很难成就自我的。

莫迪里阿尼是意大利大名鼎鼎的绘画大师，有一系列的印象派作品。在其中的一幅作品中，有一个独眼人，这让看到这幅作品的人都表示不理解，觉得莫迪里阿尼把人画得变形且丑陋。对此，莫迪里阿尼解释道："这幅画是有深刻含义的，告诫人们不要总是把两只眼睛都盯着别人，而无形中忽略了自己。每个人只需要用一只眼睛看着外部世界就好，而应该留下一只眼睛来经常看看自己、反省自己、审视自己，这才是最重要的。"莫迪里阿尼一句惊醒梦中人，他的"自我审视"是很多人都忽略且从未做到的。

人，不能世事洞察，为此在人生的过程中，除了更多地审视别人，也要更多地看一看自己，尤其是要尽量跳脱出来置身事外，才能把自己看得更加清楚。遗憾的是，偏偏有很多人都把严于律己、宽以待人的为人处世原则彻底颠倒了，他们对于自己很宽容，也从来不审视自己，而总是把眼睛盯在别人身上，对于别人很小的瑕疵和错误从来不放过。为此，他们对于他人总是过于严格和苛求，而对自己却又总是过度宽容甚至纵容。只有把这样的态度颠倒过来，人才有可能看别人更顺眼，也才有可能主动提升和完善自己，让自己更从容地做好自己的事情，走好属于自己的人生道路。

在法国的圣保罗教堂里，在牧师纳德·兰塞姆的墓碑上，刻着一句话警示世人："如果时光能够倒流，至少有一半人会成为伟人。"这句话的来源很曲折，原来兰塞姆在一生的时间里听过一万多人的忏悔，他原本想把记载着这些忏悔的60多本日记集合起来出版，作为对世人的警戒。然而，里昂突然发生大地震，让兰塞姆失去了这个机会，为此他把自己所有想告诉世人的话凝练成这一句，刻在墓碑上，让每一个前去瞻仰他的人和去圣保罗教堂参观的人都能从中得到领悟。由此可见，人生总是充满了后悔，而在意识到事情本该可以做得更好时，很多人都已经失去了改正的机会。

认识自己，是做很多事情的前提条件，不管什么时候，也不管人生如何，我们都要认识自己，才能不断地审视自己，也才能继而改变、突破和超越自己。这些事情，对于一个浑浑噩噩的人而言是不可能做到的。其实，对于认识自己的重要性，早在几千年前的古希腊，苏格拉底就已经提出来了。现代社会，依然有很多哲学家在讨论认识自己的重要性，并且召唤更多的人理性地认识自己、从容地改变自己。

那么，一个人到底要怎么做才能深入地了解自己，从容地认识自己呢？首先，最重要的就在于，要从主观的思想和意识中跳脱出来。人之所以对于自己最陌生，就是因为人是主观的动物，在进行思考的时候情不自禁就会从主观角度出发。因而只有尽量做到客观公正地评价自己，才能更有助于认识自己。其次，要审视自己。无疑，和日常的眼光相比，审视带着几分严格和挑剔，在看待自己和他人的时候，我们要制定同样的标准。正如古人所说的，己所不欲勿施于人。自己做不到的事情，就不要强求别人去做，这是最基本的。所以在评价自己和他人的时候，为了公平，也应该以同样的标准，而不要对于自己过度宽容。最后，要想认识自己，还要选对参照物。很多人原本就沉浸在主观世界里，无论多么努力，都在袒护自己。只有从客观存在的人和事情之中选择合适的参照物，对于自己的审视才是更加公正的。

现代社会，各种信息铺天盖地而来，任何时候，我们都要更加客观、公正地认识自己，才能全力以赴活出属于自己的精彩人生，因为认识自己正是审视自己、主宰命运的前提条件。记住，金无足赤，人无完人，每个人在成长的道路上都会犯错误，犯错误本身并不可怕，因为人就是在错误中成长起来的，最重要的是面对错误时，我们要怀着积极的态度去反省，也要真诚地改正和反思错误，这样才能在成长的过程中有更好的发展和未来，也才能真正地突破和超越自我，成就自我。

第4章

自我突破的格局：

避 免 自 我 设 限， 才 能 无 畏 腾 飞

打开人生的上限，人生才会有奇迹

曾经，对于跑步运动，人们都有一个局限，即认为人在4分钟内跑完1.6千米已经是极限，不可能再快，否则就会严重损伤人的身体健康。为此在很长一段时间里，无论多么优秀的运动员，都在训练的时候把这个极限作为提升的目标，故步自封在这个安全限度内。直到有一天，一个叫班尼斯特的运动员偏偏不信邪，他虽然也把4分钟跑完1.6千米作为训练的目标，但是却始终都在努力提升训练的强度，从而让自己突破这个目标。有一天，有风，风速大概为每小时15千米，班尼斯特就这样顶着跑完了1.6千米，而他所用的时间只有3分59秒4。不得不说，班尼斯特超越了人类的极限，而且，他轻轻松松就做到了这样的突破。实际上，他并非在跑步方面有着过人的天赋，也并非有着出类拔萃的体能，而是因为他敢于突破和超越。

在班尼斯特的带头作用下，有更多的运动员打破了这个极限，而且不断地刷新纪录。现实生活中，很多人都有强烈的从众心理，即他们始终觉得自己的能力是有限的，也因此而不敢超越和突破自己。这样的思维界限，对于人的行动能力有很大的影响。所以在行动之前，我们要想取得好的成绩，就要努力打破思维的界限，突破经验的束缚和禁锢。

现实生活中，很多人做事情都会在不知不觉之中陷入这样的怪圈，即在还没有全力以赴做一件事情之前，就判断自己肯定不能完成，也认为自己不会有任何进步。正是因为如此，结果才会真的不尽如人意，也才会没有创新性和突破。不得不说，大多数人都生活在框架里，而丝毫不自知，这是非常可怕的。因为这就像是一个人犯错，如果不知道自己在犯错，他们就无法改正错误。只有明确认识到自己在犯错，他们才能有的放矢地反省自己，改正错误。

很多人的生活都太按部就班了，最终导致看着机会就在眼前，却没有意识到自己应该努力地去抓住机会，就这样与机会失之交臂。很多时候，人生都是需要机会才能获得成功。在日常生活中，我们更是要时刻做好准备，这样才能在千载难逢的好机会降临时，毫不迟疑地、当机立断地抓住机会，彻底地改变自己的命运，主宰自己的人生。

人是有惰性的，而且趋利避害，常常感到害怕。大多数人都只愿意做自己熟悉的事情，而对于自己不熟悉、没把握或者很陌生的事情，他们常常会消极对待。在这种情况下，机会也悄然流逝，一去不返。要知道，在这个世界上，每个人都有权利去进行各种各样的尝试，拼尽全力地开拓属于自己的人生，最重要的是不要限定自己。只有这样，人生才会有奇迹，未来才会有希望。

增强自身优势，你会拥有更多机会

卡内基曾经说："只要你向前走，不必怕什么，你就能发现自己，成功一定是你的！"一个有积极态度的人，不会只停留在已有的条件或已有的成绩上，他总是不停地开拓、不停地创造。世界是变化的，社会是发展的，因而不能被动地守着原有的东西，而应该是主动地适应这种变化，不断地创新，不断地前进。谁有这种主动创新的积极态度，谁就能不断地排除困难，不断地获得成功。

莎士比亚曾说："聪明人会抓住每一次机会，更聪明的人会不断创造机会。"我们对待机会要采取主动的态度，甚至要用我们的行动增加机会出现的可能性。犹豫不决的人总是想"明天""将来"之类的字眼，其实这些字眼与"永远不可能做到"的意义是相同的。如果你要想成功，现在就要去做。立刻开始工作，态度要主动积极，要自告奋勇地去改善现状。要主动承担义务工作，向大家证明你有成功的能力与雄心。

有了目标，没有行动，一切都会与原来的目标背道而驰。有了积极的人生态度，没有立即行动，一切都极有可能转向成功的反面。所以说，主动是一切成功的创造者。赫胥黎的名言："人生伟业的建立，不在能知，乃在能行。"就是孜孜不倦地强调"行"乃是扭转人生最有力的武器。

不同的行动会产生不同的结果，从结果中又可带出新的行动，把我们带向特定的方向，最后决定我们的人生。这就是少数人能从芸芸众生中脱颖而出的原因，他们不但有行动，并且有不同于一般人的主动。不要再只是被动地等待别人告诉你应该做什么，而是应该主动去了解自己要做什么，并且规划它们，全力以赴地去完成。想想今天世界上最成功的那些人，有几个是唯唯诺诺、等人吩咐的？

在主动进取的人面前，机会是完全可以“创造”的。新中国石油战线的“铁人”王进喜有一句名言：“有条件要上，没有条件创造条件也要上。”创造条件就是创造机会。如果你想要成就某种事业而又不具备相应的条件，你就没有机会，当你通过努力使自己具备了这些条件，就为自己创造了机会。努力提高自身的能力和水平，增强自身的优势，就会使自己面临更多的机会，对于一个人和一个企业都是如此。

我国著名导演张艺谋在成为大导演之前可谓历经坎坷曲折，但他以进攻的姿态为自己创造了一次次机遇。1978年，北京电影学院在文化大革命后首次招生，按他的家庭情况他是难过政审关的。但他用自己几年来的摄影作品“开路”，给素昧平生的文化部长黄镇写了一封恳切真诚的信，并附上自己的作品。颇通艺术的部长有强烈的爱才之心，派秘书去电影学院力荐张艺谋，终于使他被破格录取。

尽管在校表现优秀，但命运仍然对他不公，毕业后他被分配到广西电影制片厂这个小厂，但他并没有因处境不佳而自我埋没。外部条件不好，厂小、人少、设备差、技术力量薄弱，是不利的因素。但这里也有大厂所不具备的条件，那就是科班毕业生少，名导演、名摄影师少，因而论资排辈的做法不像大厂那么突出。张艺谋主动请缨，挑起大梁，以卓越的摄影才能拍摄了电影《黄土地》，一炮打响，荣获“中国电影优秀摄影奖”，这部电影也成为第五代影人崛起的标志。

做个主动的人，要勇于实践，做个真正做事的人，不要做个不做事的人。创意本身不能带来成功，只有付诸实施时才有价值。用行动来克服恐惧，同时增强你的自信。怕什么就去做什么，你的恐惧自然会立刻消失。自己推动你的精神，不要坐等精神来推动你去做事。主动一点，自然会精神百倍。

许多人被成功拒之门外，并不是成功遥不可及，而是他们不能发现自己，主动放弃，认定自己不会成功。事实上，只要你每天限定自己一定要超越自我一些，成功自会出现在你眼前。成大事的人就是如此。要获得卓越成就，你就应该主动追求。思想积极了，你才会摒弃懒散的习性。你必须让潜意识充满积极的想法，无论面对什么状况，你都要超越自我。

著名剧作家萧伯纳说过一句非常富有哲理的话：“征服世界的将是这样一些人：开始的时候，他们试图找到梦想中的东西。最终，当他们无法找到的时候，就亲手创造了它。”真正的成功者不但要善于把握机会，更要善于创造机会。

失败就是人生的一记闷棍

对于失败的本质，很多人都不理解，有一些内心脆弱的人在遭遇失败之后，觉得自己再也不可能获得成功，为此彻底放弃了心中的希望。对于他们而言，失败就是人生的一记闷棍，能够彻底地把人生打倒，让人生无法再次站立起来。而实际上，失败的本质到底是什么呢？真正明智理性的人会积极地看待失败，他们知道人生不可能一帆风顺地到达巅峰，更不可能一蹴而就，因而在遭遇失败的时候，他们非但不会沮丧绝望，反而会从失败之中看到契机。对于他们来说，失败正是通往成功迈出的第一步，也许在第一步遭遇失败比获得成功有着更重要的意义。这是因为人在成功之后很容易得意忘形，忘记自己曾经的努力和坚持不懈，也忘记自己遭遇的坎坷与挫折。为此，他们在成功的道路上难免会因为张狂得意而摔跟头；相反，第一步就遭遇失败的人则更加脚踏实地，他们意识到现实的情况也许并不像自己想象中那么美好和顺利，所以他们会做好心理准备，在通往成功的道路上，他们也会非常执着地前行。

新生命呱呱坠地，没有生存的技能，随着不断成长，他们学会了走路、独立吃饭、穿衣服。同样的道理，在人生的道路上，我们也依然需要学习各种生存的技能，才能够经过历练到达成功的境界。如果在遇到小小的坎坷挫折之后马上就选择放弃，那么人生注定会平淡无奇，我们更不可能出人头地。失败是人生的必修课，在这堂课上，我们一定要鼓起信心和勇气，坚持不懈、勇往直前，才能够最终获得成功的青睐。如果我们因为失败而一蹶不振，那就注定了我们的一生将碌碌无为，不可能有所成就。

现实生活中，还有很多人会因为惧怕失败而放弃尝试。的确，当我们不去尝试的时候，是不可能失败的，这意味着面对人生的各种磨难，我们采取了逃避的态度。殊不知，在这么做的同时，我们固然与失败擦肩而过，却也彻底地与成功绝缘。任何事情都有两面性，在做一件事情的时候，我们有可能成功，有可能失败，成功与失败各自占据50%的可能。但是当我们放弃的时候，成功与失败的可能性都会变成零。不要总是羡慕他人有着成功的事业，也不要总是羡慕他人的人生光彩夺目，而是要先看看他人在成功之前付出的努力和坚持，也看到他人在聚光灯闪烁的背后经历了多少孤独与寂寞。失败并不可怕，只要我们怀着端正的态度面对失败，就能从失败之中积累经验，就能在不断训练的过程中汲取教训。如果我们连尝试的勇气都没有，那么就注定我们的人生将毫无成功的可能。要知道，人生从来不是顺遂如意的，只有不断努力尝试，才有可能获得成功。

在现实生活中，只有少数佼佼者能够攀登上人生的巅峰，大多数人都过着平淡无奇的一生。也有一部分人常常被失败纠缠，在人生中不断受到打击。实际上，对于人生而言，如果不能以端正的态度面对失败，就会缺乏信心，也会导致结果不如意。真正的勇敢者在面对失败的时候，他们不会认为这是人生的定局，而是会选择再一次尝试，所以能够从失败中脱颖而出，到达成功的顶峰。他们有决心、有毅力，绝不轻言放弃。从某种意义上来说，哪怕是被失败纠缠，也远远比放弃一切努力来得更好，因为放弃所有的努力，就意味着我们的人生毫无可能获得成功，而一次次的失败也许意味着我们正在渐渐接近成功。

俗话说，天无绝人之路，在这个世界上并没有真正意义上的失败，所谓的失败只不过是我们在尝试的时候又一次愿望落空而已，只不过是我们的努力还不够，所以暂时还没有取得成功而已。当我们拼尽全力去坚持，当我们遇到任何糟糕的情况都绝不放弃，相信成功之花在我们的用心浇灌之下一定会绚烂地绽放。

面对批评，坦然接受

人的本能总是趋利避害的，每个人都希望听到他人的赞美之词，而不希望被他人批评和否定，然而愿望毕竟只是愿望，生活从来不会按照我们所预想的那样去发展。面对生活的不如意，面对他人的批评和否定，我们又该如何呢？很多内心脆弱的人在遭到他人的批评和否定时，马上就会一蹶不振，觉得自己无论如何努力都不能得到他人的认可，这简直是太糟糕的一件事情。而实际上，面对他人的批评，如果我们能够端正心态，以积极的态度去面对，那么我们反而会获得成长，这是因为良药苦口利于病、忠言逆耳利于心，那些真正愿意为我们指出错误的人，都是真心为我们好的人。相反，所谓的敌人会以各种各样的赞美来麻痹我们的内心，让我们放松警惕、精神懈怠、止步不前。因为这样一来，我们就没有办法提升和完善自己。

虽然从本质上来说，遭遇批评是让人很尴尬和难堪的，也会让人产生紧张、焦虑等各种负面情绪，但是产生这些情绪都是因为当事人没有以正确的态度面对批评导致的。要想从根本上化解这些负面情绪，要想从根本上解决面对批评的难题，我们就要端正态度，就要学会换一个角度去真诚用心地看待他人的批评。古时代，冯梦龙写了“三言”，分别是《喻世明言》《警世通言》《醒世恒言》。在这三部著作中，冯梦龙告诫人们为人处世需要注意的事项，也指出社会上很多的不良现象，很多人都从“三言”中获得进步。当我们能够从容坦率地把他人的批评汇聚到一起，认真总结和反思，有则改之，无则加勉，那么相信我们将会以很快的速度进步和成长。

在遭受批评的时候，人会本能地产生对抗情绪，有些无法控制情绪、脾气也比较急躁的人还会暴跳如雷，而有些胆小怯懦、不好意思直接与他人争辩的人，则会因为委屈而默默地掉眼泪。实际上，不管以哪种态度来面对批评，被批评者的内心都会波澜起伏、情绪激动。要想从批评中汲取养分，促使自己进步和成长，我们就一定要从容地面对批评，切勿因为情绪冲动就以恶劣的态度对待他人，更不要因为自身的很多错误和弱点，就采取掩耳盗铃的态度甚至反驳被批评者。若我们经常这么做，只有一个结果，那就是再也没有人对我们直言相劝。这样一来，我们还如何能够进步和成长呢？在接受批评这个方面，我们要学学美国前总统林肯，虽然林肯曾经是律师，能言善辩，但是他对待批评从来不会反唇相讥，而是会坦然接受。

林肯担任总统期间，爱德华担任军务部长。有一次，林肯很想与一个自私自利的政客交好，就下达命令调集军队，但是爱德华认为林肯的做法是很不合符合规矩的，因而他当即对林肯表示抗命。爱德华非常生气，他认为林肯居然下达这样的命令，简直就是愚蠢者的做法。为此，他对林肯破口大骂，而且怒不可遏。

后来，有人把爱德华的话传到林肯的耳中，林肯听到爱德华对自己的破口大骂之后，非常平静，他并没有像大家所想的那样当即火冒三丈。他说："假如爱德华说我很愚蠢，那我肯定非常愚蠢，因为爱德华是一个非常谨慎的人，他做事情往往都是正确的，所以我必须去问问他，我到底哪件事情做得很愚蠢。"后来，林肯真的去拜访了爱德华，并且询问爱德华为何要这么生气。爱德华向林肯解释了自己生气的原因，并且把情况深入分析给林肯听，这个时候林肯才意识到自己下达的命令是错误的，当即把命令收了回来，并且为自己犯下如此愚蠢的错误，诚恳地向爱德华道歉。

林肯可是美国的总统，在得知军务部长怒骂自己之后，他非但没有生气，反而去拜访爱德华，询问爱德华生气的原因。被爱德华批评之后，他也没有为自己辩解，而是理性地分析自己为何会做出错误的行为，并且最终做出了正确的决定。不得不说，林肯是一个有着博大胸怀的人，所以他在面对爱德华的批评时才能怀着真诚坦率的态度，也因此才能够不断地进步，在政治方面有非常杰出的表现。

一个人如果不能耐心地对待他人的批评，虚心地接受他人的不同意见，那么，在生活和工作的过程中，就会对新事物心生抵触，也根本无法和平友好地与身边的人相处。虽然批评从表面看起来就像一只蜷缩成一团的刺猬，浑身都有尖刺，但只要能够驯服刺猬，刺猬就会变得非常温驯，还有很多人把刺猬当成宠物来养呢！实际上，以端正的态度接纳批评，也许一开始很难，但是当我们养成良好的习惯，对待批评总是有更理性的表现，渐渐地，我们就能够更加出色地成长。切记，不要对批评者心怀怨恨，而是要发自内心地感谢那些批评我们的人，这样我们才能够与被批评者和谐相处，也才能够怀着理性的态度接纳批评者的批评。每一个快速进步和成长的人，都是因为他们能够虚心接纳批评，所以才能以诚恳的态度改正错误、弥补不足，也促使自己变得更加优秀。

做人千万不能故步自封，活在自己的世界里怡然自乐，当然也不能自暴自弃。面对批评，我们要以从容的态度。我们应该正确面对批评，这样才能积极地采纳他人的意见，让自己快速成长起来。不管对方批评我们是出于好心还是恶意，我们都应该真诚地感谢对方。对待批评，要有则改之，无则加勉，这样一来，我们可以主动地改正自己错误的地方，也可以调整好心态，更加快乐地成长。

那么，人们为什么会害怕批评呢？这是因为在被批评的时候，总是会触及自己的利益，或者是触及自己不想为人所知的一面，这样一来，自己就无法继续掩饰下去假如没有批评，人们就可以继续掩耳盗铃，活在自己虚构出来的世界里，继续自我感觉良好。虽然这个世界也许并不完美，但是孤独胆怯的灵魂躲在其中，却能够暂时得到安宁。遗憾的是，人是群居动物，没有人可以真正孤独地存在，要想与社会紧密结合，要想在批评之中有更好的表现，我们就要不断完善自己。竞争越来越激烈，只靠着自我反省，我们未必能够发现自己很多的不足，只有借助他人的批评、理性地对待他人的批评、积极地提升和完善自己，我们才能够坚持努力向上，活出独属于自己的精彩人生。

享受安逸的代价是让梦想变成空想

看了电影《冈仁波齐》之后，我们被信仰的力量震撼，那么多人在朝拜的路上风餐露宿，但是他们的内心却是安宁平和的。年迈的老人在朝拜的路上死去，内心安宁、表情平和。年轻人在朝拜的路上也吃了很多苦，但是他们从不抱怨，而是一心向着梦想中的圣地进发。为了梦想，为了信念，每个人都付出了艰苦卓绝的努力。我们要想获得成功，就要有顽强不屈的毅力，这样才能排除万难，朝着人生的道路进发，也朝着心中的圣地努力前进。

在《西游记》中，唐僧为了取经吃尽千难万苦，而在真实的历史中，玄奘东渡去日本取经也历经艰难。即便是在如今的时代里，也有苦行僧终日修行，戒掉对人生的贪念，降低自己的欲望，修炼自己的内心，从而获得内心的安静和满足。我们不是苦行僧，也没有那么高的修为，但是在人生的道路上要想获得成功，还是要不断地努力前行，以肉体的磨难换得精神上的超脱，从而让人生拥有更多的契机，也拥有更多的成长和进步。想明白这个道理，就不会因为人生疾苦而抱怨，只有不断地努力进取、坚持前行，才能距离梦想越来越近。如果总是贪图安逸、舒适，总是暗恋享受，就只会距离梦想越来越远，根本不可能让自己靠近梦想、实现梦想。如果总是沉迷于安逸，总是不能鼓起所有的信心和勇气在人生的道路上前行，则享受安逸的代价就是付出梦想，让梦想变成空想，再也没有任何实现的可能。

大学毕业后，成绩优异的若彤就嫁给了爱情，和青梅竹马的恋人结了婚，紧接着就是怀孕生子。偶尔同学们见面，也有好闺蜜劝说若彤要出来工作，若彤总是不以为然地说：“女人就要靠着结婚改变命运，工作不是最重要的，像我现在在家里带孩子做家务多好，还没有职场上的尔虞我诈。”也有的同学羡慕若彤的生活，觉得若彤嫁得好，不用辛苦在职场上打拼，可以当全职富太太，这简直就是大多数女孩的梦想啊！

几年之后，经常在朋友圈里晒旅游、晒娃娃、晒各种节日的若彤，突然间销声匿迹了。后来，朋友们才得知若彤离婚了。正当大家都为沉寂的若彤担忧的时候，若彤的朋友圈里突然充斥着各种代购信息，有知道的朋友说若彤不得不挣钱养活孩子。在孩子上了小学之后，若彤艰难地实现了转型，从一个全职妈妈变成了职场女性。可想而知，大学毕业后已经与社会脱节8年的若彤，转型进行得多么困难，她付出了多少艰辛和努力，才能够适应快节奏的生活，适应如今弱肉强食的职场。偶然有机会遇到若彤，同学们惊讶地发现若彤就像变了一个人似的，精明强干。看着若彤这么辛苦地打拼职场，有人问若彤是否习惯，若彤说："不习惯也要习惯，前些年我丢失了梦想，以为会得到永久的安逸，现在才发现真正的安全感只能自己给自己，自己强大才是王道。"

所以，我们不能贪图人生安逸，否则就会迷失梦想，也会迷失人生。越是轻易得来的安逸，越是以不努力和无所作为为代价，当人生长期处于止步不前的状态，必然会导致我们无限落后。在人生道路上，任何时候，我们都要努力经营好人生，也要做到全力以赴，这样才能逐渐实现人生的梦想。很多时候，我们的人生有太多的无奈和无解的难题，如果一味地沉沦，只会导致在人生中陷入更加绝望的深渊。

一个人，如果心中有希望，有奋斗的欲望，就不会始终沉迷于安逸，也才能够越来越接近梦想。如果人生总是在现实中沉迷，也总是在无奈中挣扎，就会如同深陷泥沼一般越沉越深，根本没有可能抽身而出。有一首歌，名字叫作《我想去桂林》。大概的意思是说一个年轻人想去桂林，有时间的时候没有钱，有钱的时候却又没了时间。人生总是充满这样的矛盾，也时常会让我们感到无奈。不管处在怎样的人生阶段，追求梦想从来不是一件简单的事情，很多人都会抱怨自己与梦想渐行渐远，即使努力也无法真正接近梦想。实际上，伟大的梦想总是与人生若即若离，我们必须足够努力、足够坚持，才能渐渐地接近梦想。不要因为梦想太远大，实现梦想的难度太难，就对梦想感到无奈，或者对生活缴械投降。实现梦想的道路固然艰难，但是这些都不是我们放弃梦想的借口，更不是我们贪图安逸的理由。生命不息，折腾不止，人只要活着，就要不懈前行、努力奋进，就要全力以赴，争取收获更加充实精彩的人生。

第5章

心灵的格局：

宽容他人宽宥自己，心大了事就小了

有格局、有气量才有如意的人生

气度不仅是一种气魄，而且是一种能力。有气度的人可以宽容地对待和接纳整个世界，对于身边的人和事情也总是怀着友善和气的态度。常言道，宽容他人，就是宽宥自己。实际上，当拥有开阔的心胸，把心放大，那么原本困扰我们的很多事情也就会变得不值一提。就像把一粒芝麻放在一个盘子里，马上就能看到芝麻的存在。如果把一粒芝麻放在一个大的箩筐里，那么根本看不到芝麻到底在哪里。所以人们说，心大了事情就小了。

大气的人不会因为生活中各种无聊的、无关紧要的小事情而生气，反而会在遇到很多为难的事情时努力劝说自己一定要非常积极地面对，这样一来，他们才能始终拥有良好的心态，也才能在成长的过程中不忘初心，砥砺前行。相反，小气的人对于每一件事情都耿耿于怀，他们既不愿意原谅他人，也不愿意原谅自己。虽然不如意是人生的常态，他们却总是抱怨身边的人，也常常对身边的人愤愤不平、喋喋不休。有心理学家经过研究发现，大多数人在出生的时候天赋并没有太大的区别，那么为何每个人的人生都是截然不同的呢？就是因为每个人面对失败的态度不同。成功者面对失败总是怀着积极的态度，能够踩着失败的阶梯不断地努力前行。而失败者面对失败，常常会陷入困顿之中，也因此对自己失去信心，不知道如何有效地激励自己。在这种情况下，成功者与失败者高下立见。

三国时期，大臣杨仪原本是诸葛亮面前的红人，也是诸葛亮的左膀右臂。为此，大家理所当然地认为杨仪会在诸葛亮去世之后，接替诸葛亮的丞相职位。然而，诸葛亮深知杨仪气量狭窄，于是在生命垂危之前就已经安排好蒋琬接替丞相职位。不得不说，杨仪输就输在他虽然有才华，却气量狭窄。正因为如此，他的才华被限制，他的人生也截然不同。

现实生活中，气量狭窄的人为数不少，他们总是因为小事情而愤愤不平、斤斤计较，影响了自己的平静心绪，也导致人生的发展不如意。实际上，在现代社会，一个人只有学历是不够的，还要有能力，而只有能力也是不够的，还要有格局、有气度。互联网的神话人物马云就曾经说过，一个人必须有气度，才能让精神和事业都更上层楼。气度大的人懂得宽容忍让，也始终能够与好运结缘。有气度的人也能够很好地控制自己的情绪，从而成为自己的主宰。即使在遭遇命运坎坷的时候，他们也能够全力以赴做好该做的事情，从而让人生顺利渡过难关。

从某种意义上来说，气度与一个人的经历也有密不可分的关系。气度不是与生俱来的，一个年轻人也不可能拥有百岁老人那样看淡一切的气度。既然气度是后天形成的，生活的过程中，我们就要更加注意提升自己，也努力说服自己不要斤斤计较，这样才能渐渐地看开、看淡，也才能在人生成长的道路上有更好的发展。当然，所谓大气也不是对于人生的成败得失丝毫不放在心上，梦想和理想还是要有的，上进心也是越强大越好。既要有气度，又要求上进，这样才能全面发展，也才能活出独属于自己的精彩人生。

学会遗忘，让生命的旅程轻松自在

人们常说化干戈为玉帛，也有人说吃亏是福，不要用别人的错误惩罚自己。实际上，诸如此类的劝谏都是在告诉我们，一定要学会遗忘，忘记生命中不该牢记的，才能给自己的心灵减负，使自己轻轻松松前行。否则，人生就会装满各种沉甸甸的东西，根本无法有效地遗忘，也根本不可能获得真正的幸福。

鲁迅笔下的祥林嫂，人生的确是很不幸的，她也因此在最初向人们讲述的时候，博得了人们的同情和理解。然而，祥林嫂始终活在过去，人们便开始躲避着她，不愿意再继续听她诉苦。归根结底，是因为祥林嫂始终活在阴影中，一直都没有摆脱和超越不幸。不得不说，人生中的确会有突如其来的打击，让人猝不及防，然而，就算遭遇再大的不幸，生活的脚步总是要继续向前，而不能停留在原处。否则，当时光匆匆而过，我们就会被时光抛下，也会在人生漫无目的的旅程中迷失自我。

当你感到痛苦迷惘的时候，是否会第一时间就想向他人求助？无疑，人都有趋利避害的本能，人人都想获得内心的安宁与平和，而不愿意在人生苦短的情况下，迷失自我，浪费宝贵的生命时光。为此，当昨日做得不够好，总有人感到失望和懊丧，又因为不知道如何去弥补和改变，让自己陷入负面情绪之中无法自拔。实际上，人生只有三天，那就是昨天、今天和明天。昨天已逝去，每一个明天还未到来。由此可见，在三天之中，今天才是至关重要的。因而每个人要想拥有充实的人生，就一定要把握当下，活好每一个今天。因为，时光不会倒流，生命不可重来。

很多人都羡慕他人的快乐和无忧无虑，却不知道他人之所以始终快乐，就是因为他们能够打开心扉接纳一切，也可以怀着宽容的态度面对一切。任何时候，都不要总是斤斤计较，一个人也许拥有得少，却并不妨碍他快乐，只要计较得也少，就能够从容地面对人生，获得成长，内心也会充实而又安然。

有大格局的人总是心胸开阔，他们不会成为“说者无心，听者有意”中的听众，而是会怀着一颗淡然的心面对人生中的得失。

美国总统罗斯福家里遭遇窃贼光临，失去了很多珍贵的东西。朋友得到这个不好的消息后，当即打电话安慰罗斯福，罗斯福却对朋友说：“感谢你第一时间就来安慰我，我很好，请不要挂念。首先，窃贼偷走了我的东西，但是我本人安全无虞，生命才是最重要的，不是吗？其次，窃贼偷走了很多昂贵却不实用的东西，留下的粗笨之物还够我使用的，能够维持我的正常生活。最后，也是最重要的一点，我只是被偷窃的人，而没有沦落到当窃贼的落魄，这是人生的大幸。”

对于罗斯福给朋友的回话，你是否会会心地笑起来？有大格局的人面对人生的不幸，不会一味地怨声载道，也不会总是抱怨命运不公。相反，他们坦然接受命运一切的赐予，也安然守护着自己的内心。正因为如此，他们才能胸怀博大，对于得失都看得非常透彻。

人生一世，草木一秋，看似漫长，其实是非常短暂的。与其让自己长久地活在痛苦之中，不如有的放矢地扩大自己的格局、提升自己的精神，这样才能有的放矢地处理好每一件事情，也让人生变得更加圆满。如果你还不会遗忘，总是把生活中很多不值一提的小事情都牢牢地记在心里，那么你的人生必然是沉重的，也会因为不堪重负而变得非常辛苦。你要尽快学会遗忘，这样才能清空人生的行李箱，让自己的旅程变得更加轻松自在，也收获更多的幸福与快乐！

拥有博大胸怀，最大限度容纳一切

林则徐说，海纳百川，有容乃大。这句话告诉我们，大海之所以如此辽阔，有着广阔的胸襟和气度，就是因为大海在低洼的地方，所有的河流都会汇聚起来，流入大海之中，包括从天而降的雨水，也会归入大海。一个人，如果想要拥有和大海一样的博大胸怀，也要放低姿态，这样才能最大限度容纳一切，也真正地成就自己。

在人性诸多优秀的品质之中，宽容是最美好的品质。《金刚经》里写道："一切法得成于忍。"实际上，民间也有类似的说法，如吃亏是福。一个人不能总是对于个人得失斤斤计较，而是要真心诚意地付出，这样才能在成长的道路上不断地前行，也收获更加美好的未来。

人并非生而宽容，很多时候，人们会在交往的过程中陷入各种被动和困窘之中，就是因为常常受委屈和被误解，也总是会遭遇各种磨难与挫折。不管怎样懊恼，我们都要学会宽容，才能有的放矢地接纳命运赐予的一切，从而才能怀着从容的心态去面对，绝不焦躁，绝不纵容自己。

常言道，金无足赤，人无完人。在这个世界上，并没有绝对完美的人存在，也没有谁能做绝对完美的事情。每个人在生存的过程中，既要学会接纳他人，也要学会包容他人。当然，对于命运的很多不如意，也要坦然地去面对。记住，抱怨对于解决问题非但没有任何好处，反而会导致事情变得越来越糟糕。因此，我们既要理解和体谅他人，也要真正地宽容自己。

在中国历史上，《将相和》无疑是一段流传千古的佳话。在这段历史中，蔺相如的官位比廉颇高，听说廉颇扬言要让自己难堪，蔺相如或者称病不去上朝，或者在即将遇到廉颇的时候绕道而行，最终就连蔺相如的门客都看不过去，纷纷要求离开蔺相如。这个时候，蔺相如才说了自己谦让廉颇的原因："秦王之所以不敢攻打赵国，就是因为我和廉颇将军在。如果知道我和廉颇将军不和，秦王一定会趁机攻打赵国，那么就会让赵国陷入危亡之中。"对于蔺相如的苦心，门客们无不感动。廉颇得知蔺相如一味谦让的原因，也深受感动，为自己的冲动和狭隘懊悔不已。后来，廉颇光着上身、背着荆条，去向蔺相如请罪。蔺相如丝毫没有责怪廉颇，而是从此之后与廉颇成为好朋友，他们一文一武保护着赵国。

在《威尼斯商人》中，莎士比亚曾经说过，宽容就像是细雨滋润着干涸的土地一样，滋润着每个人的心田。实际上，宽容正是如此，它不但是美妙的感情，而且是非常平静的心态，还是至高无上的人生境界。一个人只有拥有博大的心胸、宽容的情怀，才能够真正做到宽容他人，也才能够真正做到以德报怨，圆满自己的人生。

记住，在漫长的人生道路上，没有人可以始终顺遂如意，也没有人总是幸运地被所有人喜欢。不管是对人还是对事，我们都要怀着平常心，这样才能够让自己心怀博大，也才能够在自己的人生之路上越走越宽。记住，宽容是生存的智慧，也是待人处世的经验和艺术。所谓人情练达是文章，宽容的人会写好人生的篇章，也会在与人相处的过程中更好地面对和成就自己。

顺势而为，不与人生较劲

《道德经》中记载："人法地，地法天，天法道，道法自然。"这句话告诉我们，这个世界上的万事万物都在发展变化之中，只有顺应自然才是从容之道。如果总是与自然相违背，总是想要与人生较劲，也许获得了成长，却总是与人生背道而驰，也导致人生没有好的结果和值得憧憬的未来。

现代社会中，有太多人都会陷入被动的局面之中，从而迷失自己的本心。实际上，如果我们总是固执己见，人生就像进入死胡同，根本没有地方可以遁逃，也常常会觉得陷入了绝境，把自己困顿住。所以我们一定要更加积极主动地面对人生，也要全力以赴地做好人生中该做的事情，这样才能在人生的道路上更加坚定不移、勇往直前。有的时候，固有的经验和陈旧的思维也会禁锢与限制我们，导致我们在人生之中陷入困境。这就要求我们学会打破思维的铜墙铁壁，这样才能形成发散性思维、推陈出新，也才能在思考问题的时候找到更好的解决办法，从而让人生拥有更多的进步空间。

现代社会，人们生活的节奏越来越快，竞争的压力越来越大，尤其是在职场上，每个人都必须终身学习，从而才能在成长过程中有更好的发展。即便如此，我们一边要非常努力进取，一边也要学会随遇而安、顺势而为。所谓有多大的能力用多大的力气，有多少钱干多少事情。任何时候，都不要过于强求，而是要做到尽人力知天命，才能更加如愿以偿、勇往直前。

这段时间，赵刚正在考虑买房子的事情。父亲拿出了大半生的积蓄，给赵刚做首付。然而，在去看了一段时间房子之后，赵刚发现父亲为他准备的首付根本不够，大多数房子至少要50万元首付，但是他们却只有30万元。为此，父亲对赵刚说："先别看了，有多少钱办多大的事情。"但是，赵刚真的很想买房，尤其是他身边的同龄人很多人都买房了，为此赵刚非常沮丧。

父亲对赵刚说："赵刚，人生之中每个人都有很多的欲望，要想获得成长，就要学会接受。我们现在没有那么大的能力，就要非常辛苦地去努力，这样才能提升自身的能力，也才能把每一件事情做得更好。如果人生中常常陷入各种困境，就会导致在成长过程中变得沮丧。你要学会放下，将来才能拿得起。"在父亲的一番劝说下，赵刚放下执念，开始努力地学习。最终，赵刚不但把工作做得风生水起，而且获得了更高的薪水。他很快攒够了钱，不但付了首付买了房子，还交了一个非常漂亮有气质的女朋友呢！

人生就像是一出戏，不过这出戏没有彩排的机会，每个人都在出演的过程中扮演着自己。遗憾的是，很多人不能接受自己，也不愿意接受人生的安排，最终导致在生活中非常被动和悲哀，也常常会陷入各种无端的忧愁和恐惧之中。其实，只有真正悦纳自己的人，才能发挥生命的力量，也才能全力以赴走好属于自己的人生之路。

活在这个世界上，我们固然要努力去争取很多事情，也要全力以赴地奔向成功，但是更要保持一颗平常心，才能避免对于很多事情不接受，也才能避免在人生中的很多关键时刻因为较真而失去发展的最佳机会。任何时候，都不要以成败论英雄，而是要全力以赴奔向人生的目的地，这样才能不忘初心，砥砺前行，也才能在人生之中有更好的成长和发展。

宽容了别人也无须苛责自己

现实生活中，人与人之间很容易发生各种各样的矛盾和争执，如果总是因为这些矛盾和争执而与他人发生各种摩擦，那么渐渐地，这些鸡毛蒜皮、不值一提的事情就会给我们的生活带来无尽的困扰，也会导致我们的人生陷入被动的状态之中无法自拔。实际上，做人一定要宽容。不但要宽容别人，也要宽容自己，这样才能真正做到心中有天地，也才能做到人生不受限。换而言之，只有拥有大格局的人，才能避免因为种种小事情而斤斤计较。既然人生中有那么多美好的事情等着我们去发现和争取，我们为何还要局限于各种小事情之中，让自己变得无限苦恼和懊丧呢?

有人说人生是一趟未知的旅程，谁也不知道人生的终点将会出现在哪里；有人说人生是一本书，必须一页一页地细细读来，才能在生命历程中拥有更好的成长和发展。然而，不管人生是旅程还是书，我们都要亲身去经历，而不能让任何人代替。当我们到达山巅，当我们从书中汲取精神的力量站在巨人的肩膀上，我们不但地位变得更高，也会全力以赴做得更好。唯有如此，我们才能在不断成长的过程中成就自己、扩大格局，也让人生变得天高地远。

实际上，很多时候人与人之间发生矛盾，并非是因为那些特别大的事情，而很有可能是因为鸡毛蒜皮的小事。例如，夫妻之间也许会因为一件小事吵得不可开交，但是等到冷静下来的时候，却发现彼此都已经遗忘了引发争吵和矛盾的由头。这样一来，人生自然会陷入被动的状态，也会导致人生变得无路可走。正如人们常说的，进一步万丈深渊，退一步海阔天空。在人生的历程中，如果我们始终都能让自己心胸开阔，就可以避免那些毫无意义的争执和对人际关系杀伤力极大的矛盾。由此可见，良好的心态是多么重要，不但可以让人在生命历程中无怨无悔，也可以让人获得真正的幸福和满足。

小雪有一个非常英俊帅气的老公，还有一个非常漂亮可爱的女儿。最重要的是，老公对小雪像女儿一样疼爱，小雪每天几乎都像泡在蜜罐里一样。然而，也许是因为小雪的人生太过顺遂，连命运都嫉妒她吧，没过多久，小雪的老公就因为一场突如其来的车祸而去世。小雪悲痛欲绝，整整3个月茶饭不思，夜不能寐，人变得越来越枯瘦，精神也恍惚起来。后来，想到还有年迈的父母和公婆，以及孩子需要照顾，小雪这才振作起来。但是，她没有办法在熟悉的家里生活，因为家里处处都有丈夫的影子。思来想去，她决定把孩子托付给公婆和父母照顾，而她则辞掉工作，背起行囊去了远方。才出去半年，小雪就因为思念孩子回到家里，她问自己："我就这样把孩子抛弃掉，对得起爱我的老公吗？我不能让他的在天之灵不得安息啊！"

回到家里之后，小雪感觉公婆对她的态度很奇怪，似乎有什么事情在隐瞒着她。后来，小雪发现公婆把家里的存折、房产证和金银首饰等东西都收起来了。小雪虽然觉得公婆对她有防备，但是一想到丈夫已经不在了，自己即使有这些东西也没有用处，为此她心中释然。她没有生气，与公婆没有丝毫芥蒂，而是一如往常地生活。后来，婆婆因为宫颈癌住院，小雪忙前忙后四处筹钱给婆婆交医药费，每天一边上班，一边照顾孩子，一边还要去医院送饭守夜。一个月后，婆婆出院，回到家里的第一件事就是把那些收起来的贵重物品都交给小雪。婆婆对小雪说："孩子，妈妈对不起你，妈妈小人之心了！"小雪笑着说："妈，这些东西你还是收起来吧，给我也没什么用。人都不在了，我要房子、要钱干什么？我现在最大的心愿就是能够代替他，为你和爸爸养老送终，把孩子抚养长大，看着孩子结婚生子，我也就对得起他的在天之灵了。"婆婆潸然泪下，从此之后对待小雪就像亲闺女一样。

在很多家庭里，成员之间之所以因为各种各样的问题产生隔阂，就是因为他们彼此之间没有真心相待。还记得在三毛笔下，荷西去世没多久，家里人就来清点荷西的财产，这让三毛非常伤心。对待挚爱的儿子的未亡人，作为父母怎能如此狠心呢？其实，人与人之间的一切关系都是相互的，如尊重、平等、理解、友善等。我们要想得到别人怎样的对待，就要怎样去对待别人，这样才能在人际相处的过程中赢得他人的尊重和友爱。

人非圣贤，孰能无过。当别人犯错误的时候，我们要理解和原谅别人。当自己犯错误的时候，我们首先要反思错误以避免再犯。其次也要端正地做好自己、宽容自己，这样才能在成长过程中有更好的表现。如果总是对于人生有太多的要求，对于自己也总是苛刻，那么我们对于这个世界也会缺乏善良。记住，人生短暂，如同白驹过隙，不要把人生肆意挥霍，而是要抓紧时间尽情地享受人生的真善美。在生活中被他人善待，也真诚友好地对待他人，这样的人生才是值得憧憬和期待的。

第6章

取舍的格局：

格 局 决 定 取 舍， 选 择 决 定 命 运

勇敢地面对人生的一切选择

在生命的历程中，每个人都拼尽全力去做到更好，到底是为了什么？是为了拥有更多的金钱，是为了拥有更多的权势，还是为了得到众人的瞩目和羡慕呢？其实都不是。每个人竭尽全力去努力，只是为了让人生有更好的成长，也让自己拥有更多的人生资本，获得更大的成功和更多的选择权利。归根结底，一切的努力奋斗，终极目标都是让自己获得选择权。很多人看完电影《我不是药神》后都指责药厂把救命的药定价太高，也有人仇富。实际上，当进行理性全面的思考之后，我们才会得出正确的感悟，那就是有钱真好。有钱，就可以在生病的时候选择吃更贵的、疗效更好的药，让生命得到有尊严的救治，甚至是有尊严地死去。

有些人仇富，觉得富人都是邪恶的，其实富人的钱也是辛辛苦苦挣来的，而不是大风刮来的，更不是从哪里抢来的。钱虽然不是万能的，但是没有钱却是万万不能的。财力的支撑，让我们在人生道路上得到更多选择的机会和可能性，也让我们在无奈的情况下还有退路可以走。有人说，人生就是由一个个错误组成的；也有人说，人生是由一个个选择组成的。实际上，错误的本质也是选择的结果，归根结底，人生还是由选择组成的。那么我们的所有辛苦和努力也就有了最好的理由，那就是为了更好地选择。

有人说性格决定人生，有人说心若改变世界也随之改变，而实际上，真正直接决定人生的是选择。一个人有怎样的选择，就会有怎样的人生。每当面临那些重要的人生抉择，人们总是很难做出决定，也总是会有患得患失的心态。人生的选择并不总是愉悦的，尤其是在人生的艰难时刻，选择总是使人进退两难。选择的前提是要做出理性的思考和明确的决断，也需要有魄力和毅然决然的决心。很多人面对选择往往犹豫不决，或者总是拖延，无形中就贻误了时机，也导致未来变得更加被动。即使选择会决定人生，我们还是要有当机立断的精神，在人生的道路上勇往直前、无所畏惧。

很久以前，有三个人同时进入了监狱，并且巧合地被判服刑同样的时间。他们都有机会提出一个请求，并且这个请求会被满足。第一个人是个烟民，为此他的请求是要10箱雪茄，这样他在监狱里的日子就不至于犯了烟瘾而无法得到满足。第二个人是爱情至上主义者，很浪漫，他提出的要求是要让一个美丽的年轻女性和自己一起进入监狱，共同生活。第三个人是生意狂，最喜欢做生意赚钱，为此他的要求是一部话费充足、信号稳定的手机。监狱长满足了这三个人的请求。

几年过去，他们服刑期满。当监狱的大门打开的那一刻，第一个人含着满嘴的雪茄迫不及待地从监狱里奔出来，而且不停地喊着："火，火，火！"原来，他当年要雪茄的时候忘记了要火。第二个人慢慢吞吞地从监狱里走出来，他的手里牵着一个3岁的孩子，怀里还抱着一个婴儿，而他的美丽妻子则大腹便便，显而易见肚子里的小孩也快要出生了。第三个人风风火火地从监狱里走出来，看起来根本不像是被监禁了好几年的人，他精神抖擞、意气风发，走上去紧紧地握住监狱长的手，说："谢谢你当初答应给我一部话费充足、信号稳定的电话，这样我在监狱的这几年里才能遥控公司正常运转，而且我的公司发展很好，如今的资产和我入狱的时候相比已经翻了几番。"

这个故事的真实性无从考证，但是却告诉我们一个深刻的道理，那就是选择决定人生。今日我们所做的选择也许看起来很不起眼，但是恰恰是这样不起眼的选择很有可能会给我们的人生带来极大的影响，而且会对我们的人产生蝴蝶效应，从而彻底改变我们的人生。为此当面临诸多选择的时候，一定要慎重，在艰难的时刻里做出抉择，还要有勇气和魄力。很多人面对艰难的选择会逃避和畏缩，殊不知，只要活着，人生就充满了选择，而躲得了初一躲不了十五，只有在选择的时候坚定勇敢，我们才能无所畏惧地面对人生，也才能在成长的过程中收获更大的进步和成功。

不可否认，选择从来不是一件简单容易的事情，每个人都会做出不同的选择，是因为一个人的家庭背景、教育经历、人生阅历，以及对于人生的各种观念等，都会影响他们的选择和决定。当然，每个人都是这个世界上特立独行的生命个体，都有自己的梦想，为此每个人的选择也是极具个性化的。在选择的过程中，还要避免盲目从众。尽管真理大多数时候掌握在大部分人手里，但是偶尔真理也会掌握在少数人手中。为此，在面对选择的时候，我们还要坚定自己的心，让自己更加勇敢无畏也无怨无悔地面对选择。当你能勇敢无畏地面对人生的一切选择，就意味着你变得强大；当你在做出选择之后不会患得患失，而是能够勇敢地承受一切的后果，那么你就真正地走向了成熟。

懂得大格局的人，才能知道取舍

前文说过，格局决定人生，由此可见，只有懂得大格局的人，才能知道取舍，也才能在关键时刻问清楚自己的心到底想要怎样的生活。有人说当你做出正确的选择，就可以一次又一次把人生进行合理的衔接，从而使得人生变得更加积极果断，也更加从容不迫。

有人说，每个人在人生之中都有两次投胎的机会：一次是出生，一次是结婚。当然，选择与怎样的人恋爱结婚，每个人都可以擦亮眼睛，做自己的主。然而，投胎生在怎样的家庭，却是无法选择和决定的。在现实生活中，有太多的人面临太多的诱惑，也有太多的人总是在欲望之中沉沉浮浮，只有不断地努力，坚持去奋斗，才能满足自己小小的欲望。然而，欲望是无底的深渊，如果有太多的欲望，人是会在欲望中迷失的。尤其是在现代社会，有太多的烦恼与诱惑，也有太多的想要得到和不愿失去。任何时候，都不要因为不知道取舍而使得人生变得被动和无奈，而是要放下心中的过多欲望，让自己的人生变得简单极致，这样才能最大限度改变人生、掌控命运。

有一位国学大师曾经说过，一个人只有放下才能主动承担，一个人只有果断舍弃才能获得更多。总而言之，每个人都是在生与死之间徘徊，既无法决定生，也无法决定死，只有在生与死的过程中做好每一次选择，才能让人生绽放出异样的神采。

在现实生活中，很多人的烦恼也正是因为得不到和放不下，归根结底，这两个问题也是与生死有关的。人们总是面对太多的欲望和太多的诱惑，大多数人根本不懂得取舍之间原本是可以相互转化的。有的时候，得到就是失去；有的时候，失去就是得到。只有真正明白舍弃的道理，才能更加主动地获得。否则，人生就会变成一团乱麻，也会完全失去了方向。

发明大王爱迪生小时候因为家境贫穷，无法专心致志地从事科学研究，为此他不得不在火车上卖报纸，这样才有钱养活自己。有一次，爱迪生因为疏忽导致火灾，列车长非常生气，狠狠地给了爱迪生一记耳光。从此之后，爱迪生的听力受到很大的伤害，罹患重听。对于这一件事情的发生，换作别人，也许会一辈子怨恨列车长，但是爱迪生非常积极乐观。有一次，他告诉朋友："我罹患重听，其实也不都是坏事情，反而有好处。例如当别人总是说出一些闲言碎语、流言蜚语的时候，我根本听不到，也就避免了烦恼。"

正是因为有如此坚强乐观的精神，能够从糟糕的事情中看到积极的一面，爱迪生才能在研究灯丝材料的过程中不断地进行实验，最终找到合适的材料作为灯丝。如果他总是陷入懊丧和绝望之中，根本不可能进行多次实验，也根本不可能成为举世闻名的发明大王。

人生不如意十之八九，其实人生中不仅仅有不如意，还有很多其他的坎坷和磨难。对于人生而言，如果因为小小的障碍就停滞不前，人生就会倒退，只有在失败之中汲取经验、在苦难之中振奋精神，才能不断地踩着人生的阶梯努力向上。不管是做人还是做事，都要做好准备才能在成长过程中有所发展；如果总是仓皇失措，如果总是遇到任何事情就止步不前，那么人生的进步也就会变为空想。记住，人生没有回头路可以走，我们每个人要做的就是拼尽全力走好脚下的路，也即全力以赴做好该做的事情。当面对那些无法面对的事情，且内心不安的时候，也许固执地坚持是一个不错的选择。所谓山重水复疑无路，柳暗花明又一村，就意味着人生中的很多美好境遇都出现在历经磨难之后。

人生一定要有大格局，才能在格局的指引下知道进退取舍，也才能在人生的道路上有更好的未来值得憧憬。

让自己拥有人生的选择权

有一部电影叫《这个杀手不太冷》。在影片里，女孩和杀手之间的对话非常经典。女孩问："人生总是这么苦吗？还是只有小时候的人生才是这么苦的？"杀手不笑，面无表情，但是心里却被女孩触动，然而他还是告诉女孩："人生始终都是这么苦。"的确，人生中总是充满着各种不如意，没有人能够拥有绝对顺遂如意的人生，所以我们每个人要做的就是努力拼搏和奋斗，让自己能够改变人生，让人生朝着我们所期望的样子发展。

电影《我不是药神》是徐峥导演的，是部小成本电影，但是播放之后却不同凡响，就是因为电影中涉及了很多人都关心的话题，那就是医疗和药价。慢性粒细胞白血病患者的病情在缓慢期并没有那么严重，也不会一瞬之间就失去生命。但是，这个病需要终生吃药维持，并且特效药是进口的，价格非常之昂贵，远远不是普通老百姓能吃得起的。为了活下去，每个人都在非常努力，只要生命有一线希望，大家都是不愿意放弃的。一个被病痛折磨的患者找到了做印度神油产品的主人公，因为他知道印度有一种仿制药与进口药一模一样，连药效都是一样的。套用服装界的说法，这样的仿制药就是外贸原单的尾货，因为这种进口药就是在印度生产的，所以配方被印度药厂获得。印度因为贫穷，政府也允许药厂生产这些代加工的进口药，从而为本国人民所使用。是怎样的求生意志，让这个患者想到找一个卖印度神油的人搞进口药呢？这种夹缝里求生存，尤其是还面对着生死的情况，让每个人都感到难以承受的压抑和窒息。

看过电影《我不是药神》的人，都以各种形式发表了对于这部影片的评论。他们或者抱怨自己没有好的福利待遇去治病，或者抱怨黑心的药厂把药物价格定得太高，或者嫉妒有钱人能吃得起药。其实，药厂定价过高，是因为研发一种新药要在前期投入巨大的成本，而且要经过数十年的科研，还要在正式上市之前进行各种实验。然而，老百姓看到的只是药厂生产这种药的成本，却忽略了这样低廉的成本是在有现成配方的基础上。有钱人为何吃得起药呢？首先要明确一点，那就是有钱人的钱并不是从天而降的，也是辛辛苦苦努力赚取的。

有钱最大的好处是什么？仅从表面来看，是可以住更大的房子、开更好的车子，是可以在生病的时候得到好的医疗救治，也可以吃到效果最好的药。实际上，这一切有钱人的优势都可以归结为五个字，那就是“拥有选择权”。在大自然里，各种生物之间遵循着弱肉强食的规律。在人类社会，生存的竞争也是很激烈且残酷的。要想让自己获得生存的选择权，我们就要拥有大格局，不要把活着的目标定义为吃饱穿暖，而是要意识到人生之中有远远高于吃喝拉撒的很多需求需要得到满足。

对于成功，每个人都给出了不同的定义，实际上真正的成功就是在面对生命中很多残酷且艰难的时刻时，拥有选择权，能够给予自己的人生更多的机会去选择，也可以按照自己的本心过好属于自己的生活。这才是最重要的。当一块石头被人踢了一脚，从山顶上咕噜咕噜滚下来的时候，它是没有选择权的，因为它无法对抗生活的惯性，也无法决定自己是继续滚落还是停下来。而人之所以要努力，正是为了让自己在很多时刻都可以做到主动选择，这也是对于命运的驾驭。现代社会，很多人浑浑噩噩，不知道自己为何要努力，实际上，努力的意义不是为了住别墅开豪车，而是为了摆脱生活的惯性，避免成为一个被人一脚踢下来的小石子。

有人说，生活如同逆水行舟，不进则退。这句话很有道理，尤其是在当今的时代里，整个社会都处于日新月异的发展之中，一个人如果不能保持进步的姿态，别说超越时代去发展，就连跟上时代发展的脚步都很困难。既然不管采取怎样的姿态都注定要做出选择，那么我们与其被动等待命运的安排，无奈地被命运之手推着往前走，不如采取积极的姿态，努力经营好生活，也给予生活更加妥善的安排和全力以赴的态度。记住，当你改变，人生也改变；当你改变，命运就会成为你能驾驭的船。

一时的盈亏，别过于计较

天上的月亮不可能永远盈，也不可能永远亏，天道尚如此，人间更难离这个规律。所以人们对盈亏，不要过于计较，因为很多时候，看似吃亏，实际上是一个得到补偿的过程。

孔子虽被后人尊为“至圣先师”，可生前却在穷困潦倒的境况下，怀揣“仁者爱人”的理想周游列国，劝说一个又一个国君“治国以礼、为政以德”。尽管四处碰壁，“惶惶然如丧家之犬”，但他矢志不渝，仍“知其不可为而为之”。在他看来，个人吃不上肉、过着颠沛流离的生活，受人奚落侮辱、驱逐暗算都是小事，“仁者爱人”“克己复礼”才是大事。不能因贪图享受而坏了品行、乱了大德，不能因他人不理解和嘲讽就动摇信念，不能因饱受挫折而放弃对崇高理想的追求。

孔子不愧是伟大的思想家和教育家，他的“小不忍，则乱大谋”，是为那些立志做国家栋梁、干大事的人而写的。在后来的历史中，韩信曾受过“胯下之辱”，但是他没和那些无赖小人一般见识，在他当上大将军后也没去报复那些小人，韩信干的是顶天立地的大事业，不会去与那些不值得计较的小人清算旧账；司马迁遭受宫刑，在肉体和精神上都受到摧残，但是却忍了常人不能忍受的痛苦，完成了历史巨作《史记》。

由此看来，孔子说的“小”是指为理想、为信念值得牺牲的东西，也就是“吃亏”。这些亏可能关乎富贵、荣辱、权利甚至生命；孔子说的“大谋”，并不是在谋划或图谋一件对自己有利的事情，而是一项为了实现理想可以献身的大事。历史上不是就有像荆轲那样“一去不复还”的壮士、像谭嗣同那样“有心杀贼，无力回天”的君子、像秋瑾那样“如我上了断头台，革命成功至少可以提早5年”的鉴湖女侠，明知自己身单力薄，此去乃是以卵击石，却仍然舍生取义，做替天行道的大事。

更多的时候，我们过的是平凡的生活，面对的是平常事物，因此，就算有阻力，无非就是要失去些什么，也就是人们口中的吃亏。但是，更多的时候，正是这些接连不断的“吃亏”成就了最后的“大事”。

小杨是一家出版社的编辑，他的文笔很好，但更可贵的是他的工作态度。那时出版社正在进行一套大书的编辑，每个人都很忙碌，但领导并没有增加人手的打算，于是编辑部的人也被派到发行部、业务部帮忙。整个编辑部只有小杨接受了领导的指派，其他的都是去了一两次就抗议了。

小杨说："吃亏就是占便宜嘛！"

事实上也看不出他占了什么便宜，因为他要帮忙包书、送书，像个包装工一般！

他真是个可随意指挥的员工，后来他又去业务部，参与直销的工作，此外，连取稿、跑印刷厂、邮寄……只要领导开口要求，他都乐意帮忙！

两年后，小杨成立了一家公司，自己一个人就能承担图书运作工作。原来他在两年的"吃亏"中，把出版社的编辑、发行、直销等工作都摸透了，真是占了大便宜。

其实，吃亏并不坏，不是有说法叫"吃亏是福"吗？而这好坏变化的关键，就在于你是否能认识到，吃亏对于你长远发展的意义。就像前面事例中的小杨，表面上是吃亏了，实际他并没有吃亏，他比别人多付出了辛劳，但也得到了相应的收获，增长了工作经验，使自己成了事业上的多面手，从而为自己创业成功埋下了伏笔。

佛罗里达州有一位农夫，买到了一块非常差的土地，既不能种水果，也不能养猪，那里能生长的只有白杨树及响尾蛇。但是他没有因此而沮丧，而是冥思苦想以图改变目前的这种状态，他要把那片地上所有的东西都变作资产。很快，他想到了一个好主意，他要利用那些响尾蛇，他的做法使每一个人都很吃惊。原来，这位农民大量饲养响尾蛇。他养的响尾蛇体内所取出来的毒液，被运送到各大药厂去做解蛇毒的血清；响尾蛇皮以很高的价钱卖出去做鞋子和皮包；响尾蛇的肉被做成罐头送到世界各地，还有很多人买了印有那个地方照片的明信片，在当地的邮局把它寄了出去。每年来参观他的响尾蛇农场的游客差不多有两万人。为了纪念这位先生，这个村子现在已改名为佛州响尾蛇村。

看了这则故事，谁能说这个农民是吃亏了呢？“福兮祸所倚，祸兮福所伏”。正是因为有了前面痛苦的“吃亏”，才有了后面的成功。能吃亏的人能勇敢地承担自己的亏损，同时想办法改变这一亏损。因此，吃亏不是一种消极、颓废，不是悲观、懦弱；相反，它是一种执着追求的精神、一种为人处世的风格，更是一个人成就大事的永久鞭策。

失之东隅，收之桑榆

都说“得不到的东西最美丽”，其实适时放弃，才会有更多的希望。既然明知不可能得到，又何必朝思暮想？不如把这份美丽保留心中，去珍惜尚在身边的那些被我们忽略的美与爱。一个人如果不懂得适时放弃不属于自己的东西，就不会珍惜身边的美好，实则是放弃了自己更多的希望。而在适当的时候，果断地放弃，顺其自然，反而会在不经意间找到真正适合自己和属于自己的东西，这便是当初适时放弃带给自己的希望。

适时放弃，有时不尽然是真的再也无所得，而是为了真正的“得”。

普希金在一首诗中写道：“一切都是暂时的，一切都会消逝；让失去的变为可爱。”有时，失去未必是忧伤，却有可能成为一种美丽；失去不一定是损失，也许是一种希望。只要怀抱着积极乐观的心态，让自己变得更可爱，让自己的生活更美好，那么该得到的总归会得到。

适时放弃是自然界万物生长消亡的规律，也是人生的一种成长方式、一种艺术。人生需要执着，但执着不正是因为众多的舍弃才闪耀出特有的光华吗？人生需要适时地放弃，在该放弃的时候放弃，才能迎来最后的成功。所以，掌握适时放弃的功力就掌握了做人的功底，适时放弃也是成功人生的一堂必修课。你仔细去观察，凡是聪明优雅的人，都心态很好，需要他放弃时，他笑一笑，就放下了。你以为他真的是无欲无求吗？其实不尽然，他是为了更多的希望啊！

“中国门王”韩兆善一手打造了“盼盼”这一知名商标。

刚开始，韩兆善经营的是宫灯牌铁皮卷柜，而且卖得很火，到1990年已实现产值2800万元，利税240万元，成为东北同行业的第一大户。但是，正在这个时候，韩兆善却决定放弃生产铁皮卷柜而生产防盗门。结果招来许多非议。有人说，卷柜卖得好好的，搞什么防盗门？有人断言，防盗门生产是一个走下坡路的行业，没什么前途，要想把这个行业做大很难。还有人认为，防盗门生产没什么科技含量，也形成不了产业。韩兆善反问："一个档案柜能一劳永逸吗？不说外省，就说省内，光沈阳就有十几家生产档案柜的，咱们市场还能拓展多少？不知什么时候就没饭吃或被挤掉了。档案柜只适合企业、机关，市场有限，而防盗门适用千家万户，这是一个无限广阔的市场。"

韩兆善经过两年的市场调研和技术攻关，不久就生产出八点锁紧的防盗门，产品一上市，即获得了满堂彩。产品的转型成功，使盼盼的产品不但在国内市场占了先机，而且开拓了海外市场。

假如韩兆善没有当初对生产铁皮卷柜的放弃，那么，今天的市场上还有韩兆善的立足之地，还会有"盼盼"吗？有人说，人生之难胜过逆水行舟，此言得之。人生在世，不如意之事十之八九，取舍之难时刻困扰着我们。有的人因此把自己的生活搅得支离破碎，有的人因此陷入迷乱茫然，这时，请记住，不要消极，尝试站在一个全新的角度，用自己积极开朗的心去重新看待生活中的点点滴滴，你会发现，原来答案就在那个不显眼的角落，原来只要在适当的时刻放手，一切都会“柳暗花明又一村”。只有这样，我们才能轻松、愉悦地走过人生的风风雨雨，才能在不长不短的一生中不留遗憾。

人尤其需要懂得适时放弃，去放松我们的心灵，去驱散密布的乌云，去清扫我们尘封已久的心房。适时放弃，人生才能有爽朗心境，生活才会充满灿烂阳光。适时放弃是一种境界，是历尽跌宕起伏后不屑于世俗的眼光，是饱经人间沧桑之后淡泊于财富的心情，是运筹帷幄、充满自信的自然流露。只有在自信满怀之后，只有在领悟玄妙之后，才会懂得适时放弃并善于放弃，这之后才会迎来明天的希望，才能获得真正的成功。因此，我们在争取的同时，也要懂得学会适时放弃，退一步、忍一时、放一放，聪明如你，谁知道你不会是最后的赢家呢？

明白了适时放弃的道理，并运用于生活，我们就能从无尽的烦恼中解脱出来，我们的心就不会那般沉甸甸，我们就能坦然应对各种人、各种事，在人生的道路上进退自如，豁达大度。也许一转身，你就看到了崭新的希望与崭新的美好！

第7章

心态的力量：

心中有丘壑，人生享安然

活出独属于自己的精彩

现实生活中，人人都想获得成功，然而，就像每个人都是这个世界上特立独行的生命个体一样，每个人对于成功的定义也是截然不同的。成功到底是什么呢？有人觉得赚取很多的金钱是成功，有人觉得晋升更高的职位是成功，也有人希望人生波澜壮阔，还有人希望人生岁月静好、现世安稳。实际上，对于成功如何定义是每个人的权利和自由。有人说人生是一场旅程，其实不如说人生是一次考试。在生命的答卷中，并没有统一的标准去判断分数，而每个人都有自己个性化的标准和答案。真正成功的人生，不是活成别人所期待的样子，而是活出独属于自己的精彩。

现实生活中，总有些人妄自尊大，觉得自己这么辛苦和努力获得了成功，就超越了身边的所有人，是他们看齐的标杆；也有些人恰恰相反，总是妄自菲薄，觉得自己不管做什么事情都无法做到最好，也无法令他人满意，因此常常否定和批评自己，也总是迷失在努力奋进的道路上。其实，我们无须盲目与他人比较，因为他人的人生理想和梦想不是我们的，他们对于成功的定义和标准也带有他们的独特色彩与个性化特征。在人生道路上前行，我们一定要有自己的目标和方向，也要有自己的主见，否则总是因为妄自菲薄而迷惘，总是因为妄自尊大而狂妄，最终并不能如愿以偿获得最好的结果。

人生，并不会如我们所愿始终顺遂如意，也不会像我们所惧怕的那样始终深陷于无法自拔的困境中。生活中的很多事情，都是需要我们不断努力才能获得成功的，而且需要我们坚持进取，无所畏惧地前行，才能超越各种艰难的处境。有一位名人说，人生中既有好事情也有坏事情，生活就是好事情和坏事情的混合，而不会纯粹美好或者彻底糟糕。的确，这正是人生的常态，民间也有很多话语表现了同样的观点。如三十年河东三十年河西，就告诉我们事情总是处于发展变化之中，不会维持不变。

既然如此，我们在遭遇困厄的时候，不要盲目地悲观，更不要不假思索地放弃，只有端正思想和态度、坚持正确的认知，才能够坚持熬过人生的狂风暴雨，迎来人生的雨过天晴。同样的道理，我们在人生中很顺利的时候，也不要盲目地沾沾自喜或者因为一时的顺境就狂妄自大，人生得意只是一时，有的时候因为狂妄甚至还会导致事情朝着相反的方向发展。为此，我们一定要更加努力前行，在生命的历程中不断地前进、持续地进步，才能更加有的放矢地面对人生，才能更加坚强地在人生中活出应有的姿态。

还记得爱因斯坦的三个小板凳吗？老师要求孩子们做一个手工艺品交上来，爱因斯坦交上去的小板凳受到全班同学的嘲笑，老师也对小板凳很不满意。而当老师说起世界上再也没有比爱因斯坦的小板凳更糟糕的板凳时，爱因斯坦却拿出两个更糟糕的板凳，原来，他交给老师的板凳已经是很努力改良过的了。古往今来，很多伟大的人都不是天才，他们甚至无法做到均衡发展，在某些方面表现非常糟糕。但是，他们发现了自己的特长，也挖掘出自己的优点，所以才能扬长避短、取长补短，也才能在成长的过程中不断地努力奋斗和崛起，最终让自己的优点和特长发扬光大，从而做出了杰出的贡献。

作为优秀的哲学家和思想家，苏格拉底是一个很想得开的人，始终表现出乐观和宽容的人生态度。一开始，苏格拉底和朋友们合住在阴暗潮湿的小房子里，环境很嘈杂，甚至无法令他静下心来思考。但是他每天都笑呵呵的，似乎对生活非常满足。有人问苏格拉底："你为何这么高兴呢？"苏格拉底说："和朋友们住在一起，随时都可以交流思想、探讨问题，当然高兴。"后来，朋友们一个个搬到更好的地方居住，那个阴暗潮湿的小房子里，只剩下苏格拉底独自居住，但是苏格拉底还是乐呵呵的。有人问苏格拉底："现在你的朋友们都搬走了，你独自居住，不感到寂寞吗？"苏格拉底说："虽然朋友们搬走了，但是我还有很多书籍为伴，它们一定会始终陪伴在我的身边。"

因为住在一层，房间里非常潮湿，而且光线很差，有人对苏格拉底说："你住的地方终年不见阳光，你不觉得郁闷吗？"苏格拉底回答："住在一层，不需要爬楼，想出去遛弯一抬腿就出去了，很方便。"后来，有个住在顶楼的朋友家里有老人，不方便上下楼，苏格拉底就主动和朋友交换房子，自己住到了顶楼。又有人问苏格拉底："你之前一直住在一楼，现在却要爬上顶楼，难道不觉得累吗？而且顶楼夏天那么热。"苏格拉底笑着说："住在一楼人来人往不安静，住在顶楼有顶楼的好处，邻居们进进出出不会打扰到我，多么好啊！我可以专心读书。"看到苏格拉底这么乐观，提问的人情不自禁对他竖起大拇指："难怪你总是这么快乐，因为生活对于你来说从来都很美好。"

不是生活对于苏格拉底来说很美好，而是因为苏格拉底用积极的心态面对生活，所以不管在生活中遭遇怎样的人生境遇，他始终都能从积极的方面看问题，也总是能从有利的一方面进行思考。正如人们常说的，心若改变，世界也随之改变。一个人如果总是悲观绝望，那么对于人生中的很多境遇都会从消极的一面去看待；相反，一个人如果总是乐观、充满希望，那么对于人生的各种境遇，就会从积极的一面去看待和接受。这样一来，人生当然也会变得不同。

我们距离幸福的人生，也许只相差不太好也不是很糟糕的心态。人生之中，总是会遭遇各种各样的境遇，不管是面对顺境还是逆境，我们都要活出最美好的自己，这样才会不负此生，也才能在生命之中感受更多的幸福与满足。记住，你心中有太阳，你看到的世界就阳光普照；你心中阴雨连绵，你看到的世界就乌云遮蔽、阴雨连绵。

没有糟糕的环境，只有糟糕的心境

既然人生归根结底是一样，何不坦然面对过程中的悲与喜呢？在这个世界上，没有糟糕的环境，只有糟糕的心境。一个人若拥有了糟糕的心境，即使他处于十分顺利的环境，他也会感觉到苦闷；一个人若是拥有热忱、乐观的心境，那么，不管他处于什么样恶劣的环境，他依然可以过得快乐、幸福。

那些心中充满抱怨的人，他们是自己跟自己较劲，既没有办法接受，又失去了改变的能力，一定程度上来说，他们是可怜的。即使自己的处境再糟糕又怎么样，抱怨能改变什么呢？既然不能改变环境，何不改变自己的心境呢？

亚伯拉罕·林肯在一次竞选参议员失败后这样说道：“此路艰辛而泥泞，我一只脚滑了一下，另一只脚也因而站不稳；但我缓口气，告诉自己‘这不过是滑一跤，并不是死去而爬不起来’。”其实，阻碍我们前行的并不是糟糕的环境，而是我们内心那份早已经发霉的糟糕心境。拥有良好的心态，才能够持之以恒地走下去，直到最后的成功。

当你感到自己变得苦闷或烦躁的时候，不妨试着问问自己，那苦闷、烦躁的根源是否在于自己拥有了一份糟糕的心境呢？如果答案是肯定的，那么，尝试着改变自己的心态，放弃糟糕的心境，重新以乐观积极的心态面对，再来看待自己的处境，你会惊讶地发现，一切并没有想象中那么糟糕。

或许，在我们的生活中，常常会发生许多不如意的事情，不管我们接不接受，它都会如期而至。对我们而言，既然不能改变糟糕的环境，那么，我们就改变糟糕的心境。改变那些我们能改变的，接受那些不能改变的。

当你总是怀着乐观的心态去面对生活的时候，你会惊讶地发现，事情并没有想象的那么糟糕，无论多大的困难与挫折，都不足以毁灭我们心中的希望。只要心中有梦，希望就在，我们会发现世界竟是那么美好，生活处处充满了阳光。

叔本华说：“不受激情感动的日常生活是冗长乏味的。一旦有了激情，生活中却又充满了苦痛。”毕竟平淡才是人生的常态，从容则是不变的心态，若盲目地追求激情，只会获得一个痛苦的人生。

如果说生活是一张色彩鲜艳的图画，你会发现图纸上我们拥有最多的只有白色。是的，对于我们每一个人来说，生活的常态就是平淡，不大悲大喜，保持淡定的从容，我们才能深刻地体会到生活的真切。许多人在生活中，既不够平淡，又不够从容，身边的同事晋升了职位，心中就腾起了怒火；若是自己加薪了、升职了，则欣喜若。相反，如果失去了发财的机会，他们就会捶胸顿足。

事实上，淡定从容才是生活该有的态度，更是心灵的至高境界。成功与失败只是生活中的一种际遇，对于我们来说，没有必要为了失败或成功而破坏心中那份幽静的心情，毕竟，繁华落尽不过是一纸的苍凉，灯红酒绿之后不过是漆黑的夜晚。所以，怀着一颗淡定从容的心来面对生活的失意与得意，你会发现，生活的平淡是常态，而淡定从容则是不变的心态。

佛曰："一花一世界，一草一天堂，一叶一如来，一砂一极乐，一方一净土，一笑一尘缘，一念一清静。"这一切都是源于心境，不去计较生活的平淡，不为失败而生气、沮丧，一花一草便可以是整个世界，那份洒脱、那份豁达、那份心境是值得我们去追求的。人生道路上有鲜花、有掌声，有多少人能等闲视之？人生路上也有坎坷泥泞、满地荆棘，又有多少人能以平常心视之？我们要学会坦然面对人生中的失意与得意，平复心绪，既来之则安之，正所谓"荣辱不惊，闲看庭前花开花落；去留无意，漫随天外云卷云舒"。

当你怀着乐观、积极的心态，秉承着"知己为天所命，非虚生也"的信念，用豁达的心胸来面对人生中的成功与失败，你就会发现人生并没有那么可怕，也没有什么过不去的坎，更没有什么是放不下的。

淡定从容是一种平和的心态，即便对面对生命中的坎坷与不幸，也能以平和、不急不躁、不卑不怒的心态来面对，浅尝生命的酿酒，从而忘却心中的烦恼。淡定从容是一种生活态度，面对生活中的失意与得意，保持平和的心境，不以物喜、不以己悲。

人的一生，总会面对得与失、升与沉、荣与辱、富贵与贫穷这样一些迥然不同的际遇。虽然，我们只是一个普通人，在这样一些际遇面前，心境有可能会起伏不定，但是，如果我们能够保持一颗平常心，抑制内心情绪的波动，那么，那些际遇不过是过眼云烟。平静对待成功与失败，微笑面对荣辱，永远保持着胜不骄、败不馁的心态，秉承着淡定从容的生活态度。

在人生的旅途中，做好自己，即使失去了也不要过于沮丧、抱怨，获得了也不要太过兴奋。人生路上，不要有太多的患得患失，以一份淡定从容的心态来迎接人生中的每一次挑战，这看似是生命的无奈，实则是生命最绚丽的精彩。

把心静下来，处处感受幸福

一个人心灵的宁静也许不会为恐惧所侵扰，却可能为欲望和期待所骚动。有时候，最不容易管住的是我们的心，今天要求这样，明天希望那样，总是翻来覆去、心猿意马。浮躁的心总也看不开人生的种种，看不开灯红酒绿，看不开金钱、权力、欲望，所以才会感觉到人生烦恼多。正所谓“心静自然凉”，当我们把心静下来之后，再回过头来看这个世界，是否还会觉得烦恼丛生呢？有时候，不是因为看不开，而是因为没办法静下心来。

在生活中，我们因看不开所产生的烦恼、痛苦、绝望、发怒或者从容、自在、快乐的感觉，都源于我们内心。就好像入定时会有一只大蜘蛛不请自来对你进行骚扰一样，浮躁的心，往往会对我们的情绪产生影响，或悲或喜，或烦恼或自在，或绝望或希望。

人生总是充满着不如意的事情，而佛法告诉我们，生命的无常是无法回避的，我们应该把心静下来，面对它、认识它、超越它、看开它。或许，许多对佛法陌生的人认为佛教是消极的，其实不然，佛教认为苦是一种客观存在。

世间的一切都有生住异灭的过程，生老病死、春夏秋冬，只要我们怀着一颗安静的心看待，一切都是可以看开的。当自己被一颗浮躁的心所操纵，我们看什么都是烦恼，什么都看不开。心若静下来，我们自然会看到生活中的许多美好，心情也一下子豁然开朗。

幸福是一种美好的感觉或享受，而痛苦则是人主观感受上所受的折磨。人的天性是努力追求幸福，而避免痛苦。然而，上帝总是成双成对地创造一切，它让幸福与痛苦成为形影不离的好朋友，于是，幸福与痛苦之间形成了一种微妙关系。

试想，如果你总是轻而易举地赢得幸福，你会体会到真切的幸福吗？所以，痛苦是幸福的代价，痛苦成为进入幸福之门，而且，经历了痛苦，我们会更加珍惜来之不易的幸福。

霍金先生在轮椅上度过了他人生的大部分时间，他用自己的智慧、乐观和坚强写下了许多不朽的物理著作。病魔困住了他的躯体，却并没有困住他自由而伟大的灵魂。他并非没有为失去感到过痛苦折磨，只是他更看重自己拥有的，更重视快乐，所以，他才有更卓越的人生。

痛苦常常来得无声无息，它考验你的毅力与坚韧，假如我们能顽强地与之抗争，逃离痛苦的阴影，重新给心以幸福的方向，那么，在痛苦之后，内心会更显幸福的光芒。痛苦并不可怕，内心能够找到快乐方向的人，幸福的钟声一定会被敲响。

总是有人问本·沙哈尔：“你能帮我消除痛苦吗？”本·沙哈尔却感到不解：为什么要用这种态度来对待痛苦？他这样说道：“痛苦，也是我们的人生经验，会让我们从中学到很多，人生的成长和飞跃，经常发生在你觉得非常痛苦的时刻。”

毫无疑问，幸福与痛苦就是上帝创造的一对双胞胎，它们无时不刻不游离在我们左右。幸福与痛苦来自同一源泉，一个人的客观条件不论有多好，当他与那些条件更好的人相比，就会产生痛苦；相反，一个人的客观条件有多坏，当他与那些条件更坏的人相比，就会感到幸福。

即使我们不与他人相比，有时候也会与自己相比：假如现在比过去好，我们就会感到幸福；假如过去比现在好，我们就会感到痛苦。当然，无论是幸福还是痛苦，我们都可以有所选择，主要取决于你的心态。例如，当痛苦来临的时候，所有的事情都很糟糕，但是你依然看到了事情美好的一面，那幸福将战胜痛苦。

真实的幸福是痛苦与痛苦之间的间隙。我们总是渴望着快乐，但却只会带来失望与不满，最终导致了内心负面情绪的产生。

一个幸福的人，并不是拒绝痛苦的人，他也会有情绪上的起伏，但整体上能够保持一种积极的心理。经常被积极的心理所引导，就会感染快乐与幸福，从而少受负面情绪的困扰。所以，在人生漫漫途中，快乐是常态，痛苦只是小插曲。

坦然面对人生的不如意

人生中的烦恼到底从何而来呢？有人说，烦恼来自贪念；有人说，烦恼来自欲望；有人说，烦恼来自各种焦虑。实际上，所有的烦恼都是因为不如意引起的，正因为如此，人们才在祝福他人的时候说“万事如意”。的确，“万事如意”尽管只是简单的四个字，却可以达到对人生的十足满意，因为如果一个人在人生中遇到的每一件事情都能顺心如意，他当然不会有烦恼，也会在人生之中拥有更多的收获，达到理想的目标。遗憾的是，尽管大多数人都喜欢把万事如意挂在嘴边上，实际上万事如意是根本不可能实现的。常言道，人生不如意十之八九，也就告诉我们人生之中会有很多不如意的事情发生，不如意恰恰是人生的常态。既然如此，作为普通人要想收获幸福快乐，就要学会坦然面对人生的不如意，也要学会在人生的道路上顺势而为，获得成长和发展，而不要总是与人生别扭着，导致人生如同拧麻花一样，始终不能舒展开来。

很多人总是抱怨命运不公，实际上这个世界真正的公平根本不存在。所谓公平与否，只存在于人们的心中，当一个人的内心安然，就会觉得不公平也是公平；当一个人的内心不安，即使公平也会变成不公平。任何时候，都不要盲目地迷信命运，更不要把自己人生的希望寄托在命运之上。唯有更加全力以赴奔向人生的美好，才值得得到命运的馈赠。

佛祖说，人生有两苦：一是得不到自己所追求的，二是已经得到了自己所追求的。实际上，在得不到与得到之间，正是人们患得患失的心态。一个人要想获得内心的安静平和，就要看淡得失，保持真心；要想获得自由的人生，就必须抛开得失，一切随缘。所谓得失，与其说是得到与失去，不如说是人生的心态转化。

很久以前，有个年轻人靠着打柴为生，生活特别贫苦。他很勤奋，每天日出而作，日落而息，花费了很长时间的努力，才终于建造起一间房子。然而，年轻人才乔迁新居没多久，房子就着火了。这个时候，年轻人正在山上打柴，等到他急急忙忙赶回家的时候，邻居们虽然七手八脚地帮忙救火，房子却还是被烧成了废墟。邻居们看着年轻人失魂落魄的样子，原本想安慰年轻人，年轻人却突然捡起一根木棍去废墟里寻找着什么。邻居们不知道年轻人想找什么，一直看着他。这个时候，年轻人找出来一把斧头，他高兴地说："还好还好，我最锋利的这把斧头还在，我一定还能再盖一间新房子。"

年轻人很积极，面对才建造不久的房子瞬间变成废墟，他没有懊恼，而是当即找到自己最锋利的那把斧头，也相信自己只要继续努力地砍柴，总是可以建造出一间新房子的。正所谓留得青山在，不怕没柴烧，对于我们而言，只要积极主动地成长起来，就可以全力以赴做好该做的事情，也可以有的放矢把事情做好。

在人生的每一个阶段，人们都会产生各种各样的烦恼。一味地因为烦恼而迷失自己的本心，导致自己在人生的路上走很多弯路，这无疑是得不偿失的。最重要的在于，一定要激励自己的心，才能全力以赴获得人生的力量，才能真正把生活过充实而又精彩。人生固然要有上进心，更要有平常心。只有以平常心为人生的基调，在此基础上拼尽全力去努力，我们才能在人生中绽放，才能活出别样的精彩和与众不同的人生。

直面内心，战胜恐惧感

有人说，恐惧是上古情绪，因为自从人类诞生以来，恐惧的情绪就伴随而生，尤其是在面对不可预知的情况，或者是面对无法战胜的困难时，人们会本能地产生恐惧心理。然而，令我们恐惧的并非是外界事物，而是我们的内心，所以人们常说恐惧本身才是最值得恐惧的，意思是说，只要我们能够战胜内心的恐惧，那么外界的很多困难都是可以战胜的，是不会给我们的人生造成无法挽回的伤害和恶劣影响的。

很多时候，人们会因为一些不值得的小事情而感到恐惧，实际上只是因为未知。当我们能够真正了解所恐惧的事物，知道它所意味的结果和有可能带来的伤害，我们就会发现，所谓恐惧，只是我们自己在吓唬自己而已。只要能够战胜心理障碍，我们就能够远离恐惧，也能够坦然接受很多未知的事物。

因为恐惧，很多人远离了自己梦想中的生活。有太多的人恐惧未来，他们宁愿墨守成规，过着现有的日子；很多人恐惧人生，惧怕挑战，他们过分依恋所熟悉的一切。在这样的情况下，他们变得越来越胆小怯懦，他们的人生日复一日，从来没有美好的未来。这样过一生会给人带来很大的挫败感，也许等到生命终结的时候，回首过去，才发现人生中最后悔的事情就是从来没有改变。

与其等到生命即将结束的时候，再去懊悔，不如从现在开始，抓住当下的每一天，努力活好当下的每一刻，这样才能不辜负生命的时光。也许当我们真正鼓起勇气去做，扬起生命的风帆，努力前行，就会发现原来那些恐惧只存在于我们的想象中，或者退一步来说，即使我们真的遇到了令人心生恐惧的人和事，也依然能够鼓起信心和勇气去战胜它。

和人相比，动物的恐惧有着很大的不同。通常情况下，动物的恐惧来自实实在在的事物，而人的恐惧实际上来自内心的不安，是人主观臆想出来的。换言之，在事情还没有发生的时候，人们的恐惧心理是最强的，等到事情真正发生，人们会发现现实的情况并没有那么糟糕，或者人生的很多问题都有解决的办法，那么恐惧就会随之减弱。

从心理学的角度来说，恐惧是一种心理情绪，是无法避免的。恐惧的心理来自人们以往的经历或者是丰富的想象，很多人凭着曾经的生活经验判断哪些事情是值得恐惧的，或者是因为他们曾经历过相似的情形，所以会过度担忧而感到恐惧。此外，也有一些恐惧是性格原因导致的，有些人的性格总是消极悲观，而且他们沉默寡言，非常的内向，他们很少与外界交流就更容易产生恐惧心理，面对许多事情都缺乏信心和勇气。在这种情况下，恐惧变成了不正常的情绪，会影响人的身心发展，会使人的情绪紧张、焦灼，因而我们一定要更加妥善地处理好各种情绪，从而才能让人生有更好的改变。

有些人非常恐惧未来，他们希望人生能够岁月静好，每一天都保持现在的安稳静好。也正是因为如此，他们谨小慎微，不管做什么事情都兢兢业业，生怕因为自己一不小心就会导致糟糕的事情发生，这使得他们从来不敢真正迈出人生的脚步。

倩倩从小到大都是乖乖女，在父母的安排下按部就班地读书考试、恋爱结婚，生活波澜不惊，每天过着三点一线的日子，在自己的家、父母的家和单位之间按照固定路线行进。终于有一天，倩倩过腻了这种生活，她再也不想听从父母的话，就这样按部就班、墨守成规地度过一生。她决定要挑战自我，追求更好的成长和发展。倩倩辞掉了工作，她想趁着还没有孩子之前努力打拼。而倩倩父母一致认为倩倩昏了头，全都反对倩倩辞职，但是已经晚了，因为倩倩已经辞掉了工作。她决定要为自己活一次。幸运的是，老公很支持倩倩的决定，他希望倩倩能够拥有理想中的生活，也希望倩倩对于人生没有遗憾。

就这样，倩倩义无反顾背起行囊去了大城市，她和老公约定给她3年的时间，等到她安定下来，就会把全家人都接过来。当然，如果在3年的时间里她没有拼搏成功，那么就回家过安生的日子。3年的时间对于倩倩而言是很漫长的，她的人生也会在这3年里发生很大的改变，其实倩倩不是不担心自己会失去已经很安稳美好的家，但是她更不愿意错过自己的人生。

大城市里生活的节奏很快、工作的压力也很大，倩倩忙得甚至没有时间给老公打电话，一个人过着节衣缩食的生活。一段时间之后，倩倩的工作渐渐稳定下来，她决定要平衡好家庭和工作的关系，每隔两个星期，她都会回家和老公团聚，享受家庭的温馨安乐，也把自己工作上的情况告诉老公。一年多之后，倩倩在工作上得到晋升，职位更高，薪水也更多，她劝说老公也辞掉工作，和她一起去大城市安家。这时候，父母更加激烈地反对，他们觉得如果倩倩的老公有工作，还可以保障生活，如果他们夫妻都失去了稳定的工作，那么将来还怎么活呢？他们不得不做父母的工作。5年后，倩倩和老公在大城市买了房，安了家；10年后，倩倩的孩子已经开始上小学了，而且她把父母都接到大城市来帮忙带孩子、养老。看到今日的倩倩，父母都感到难以置信，提起来就会说："想当初你辞职的时候，我们都觉得这辈子就完了，没想到你居然能混出名堂来！"倩倩笑着对父母说："人生有无限的可能，我还梦想着有一天能够带着你们出国定居呢！"

当真正去做很多事情时，我们会发现，恐惧只存在于虚幻之中，在这种情况下，我们没有必要被恐惧裹挟住。不要不敢面对人生，只有真正地面对人生，激发潜能，鼓起信心和力量，我们才能够在成长的道路上勇往直前。

一个人要想变得勇敢，在人生的道路上一往无前，就一定要克服恐惧，尤其是要克服那些不正常的恐惧心理。要想战胜恐惧，我们与其一味地逃避，不如采取直接面对的态度。例如，我们可以把担心的事情全都记录下来，形成文字，这样一来，我们就相当于直面自己的内心，也与自己进行了对白。在这么做的过程中，我们其实正在释放恐惧。因为我们在书写内心恐惧的时候会进行思考，当思考得出结论之后，我们的心情就会渐渐恢复平静。当心情恢复平静了，我们就会距离恐惧越来越远。也就是说，我们要做好最坏的准备，朝着最好的方向去努力，这样一来我们才能够让内心渐渐地远离恐惧，也才能够在成长的道路上与恐惧相伴，让自己越来越强大。

第8章

成长的格局：

以知识武装自己，畅行人生道路

唯有不断学习，才能成就更好的自己

现代社会，知识更新的速度非常快，简直到了让人目不暇接的程度。很多父母发现，才上小学的孩子口中会蹦出各种各样的新鲜词语，从而感慨自己真的落后了。也可以说，作为现代人，一日不学习就会被时代的洪流远远地甩下，充分验证了人们所说的生活如同逆水行舟，不进则退。任何时候，我们都要坚持学习，才能让自己跟得上时代的潮流，甚至领先于潮流。

有些人总觉得学习是年轻人的事情，也认为学习是在校园中进行的事情。实际上，学习无处不在，无时不可进行。任何时候，我们都要非常积极主动地学习，才能不断地提升和完善自己。古人云，少壮不努力，老大徒伤悲。在青春年少的时候全力以赴地学习是很有必要的。然而，即使走出校园之后，也要顺应形势去发展，坚持学习。正如大文豪鲁迅先生所说的，时间就像海绵里的水，挤一挤总还是有的。所以不要抱怨没有时间学习。尤其是在进入职场之后，很多人会发现，尽管此前已经学习了十几年，但还是书到用时方恨少，特别是针对职场上的需求，更加需要有的放矢地提升自己。甚至有些人还觉得自己在大学期间没有好好学习是失策，认为可以让大学生在上学两年之后先去实习，在认识到知识的宝贵之后再回到大学里继续完成学业。这充分说明他们已经意识到学习知识的重要性，也有了主动成长的欲望和需求。

如今是知识经济时代，信息技术高度发达，这就注定了每个人一定要努力充实自己，把学校教育延伸到终身教育，才能持续地成长、坚持进步。如今，什么都讲究可持续性发展，对于个人而言，同样要实现可持续性发展，才能获得长足的进步。简而言之，就是要活到老学到老，才能以知识武装自己，畅行人生道路。

要想学习，除了可以进行有针对性的培训之外，还可以坚持自主学习，如读书等。正如古人所说的，授人以鱼不如授人以渔，我们学习的重点也应该从关注学习的内容，转化为关注学习的方式方法和对学习能力的提升。当你学会捕鱼，就永远都有鱼吃。而且，你可以不受时间、地点的限制，随时都能捕鱼。所谓一技在手走遍天下都不怕。

春秋末期，晋平公人到晚年，还求知若渴。但是觉得学习起来又有些心有余而力不足，为此他特意咨询乐师："我年逾古稀，现在学习些什么是不是有点儿晚了？"乐师说："如果您觉得晚了，可以点燃一根蜡烛，这是不错的选择！"晋平公很生气："作为大臣，你居然这样戏弄我？我可是你的君王，你简直胆大包天啊！"乐师赶紧解释说："君王在上，我可不敢戏弄您。我曾经听到别人说，人们年少时候爱好学习，就像是早晨八九点钟的太阳，充满朝气；人们壮年时爱好学习，就像是如日中天的时候，光芒万丈；到了年老的时候，如果人们依然爱好学习，那么就会像是烛光，虽然光亮比较微弱，但是至少比在黑暗中摸索强得多。”听了乐师的话，晋平公恍然大悟，这才知道乐师不是在戏弄他，而是在告诉他学习什么时候都不晚。

学习，什么时候开始都不晚。最重要的是，一定要非常努力进取，才能最大限度激发人生的力量。就像乐师所说的，哪怕人到暮年，学习只能像蜡烛一样发出微弱的光芒，也至少比在黑暗中摸索来得更好。

在漫长的发展历程中，人类有着丰富的文明，积累了大量的财富。为此，每个人都要努力学习，才能在浩瀚的知识海洋中畅游。在不同的学习阶段，每个人都有不同的学习目的，最重要的是一定要保持对学习的兴趣，才能学得更好，也才能有的放矢地主宰和把控命运。荀子曾经说过，学不可以已。这就告诉我们学习应该是循序渐进和坚持不懈的进程，一旦停止，就会导致退步。在现代社会，人才竞争已经转化为学习能力的竞争，面对用人单位越来越高的人才要求，我们更要全力以赴做好该做的事情，才能更加有的放矢地完善人生，也事半功倍地提升自己。实际上，人生是一个不断追求自我、超越自我的过程，唯有坚持学习，才能提升人生的境界，也唯有不断学习，才能成就更好的自己。

努力进取，让自己获得更多的资本

在人生的道路上，每个人都是特立独行的生命个体，每个人都有自己的梦想和理想人生，为此，一定要有人生的底牌，才能在成长和发展的过程中让自己始终都有资本，也始终能够把事情做得更好。在现实生活中，很多人都曾听说过“心比天高，命比纸薄”这句话，这句话告诉我们当一个人的实力与梦想相隔遥远的距离，总是会导致巨大的落差出现。为了避免“心比天高，命比纸薄”成为我们人生的写照，我们一定要更加努力进取，这样才能以实力为自己代言，也才能用能力证明自己。

所谓人生的底牌，就是一个人真实的能力和水平，就是一个人在人生中拥有多少资本的表现。当然，每个人从一出生开始就有不同的起点，这些外部环境的差异不是小生命的底牌，他们真正的底牌要在努力成长的过程中才能获得。而父母所给予他们的一切，只是他们的起点，也是他们轻而易举就能获得的，甚至不能从根本上决定他们的人生是成功还是失败。为此，不管你在出生的时候人生的起点是高还是低，当你一旦步人人生的赛道，就要激发自己的潜能，让自己全力以赴做到最好、做得更加出色，这样你才会有人生的杀手锏，也才会在人生之中有更加出类拔萃的表现。

小敏从小家境殷实，习惯了衣来伸手、饭来张口的生活。也许是从小就被父母安排习惯了，到了初中，小敏突然变得很叛逆，总是不愿意上课，常常逃课，还拿着钱肆意挥霍。为此，爸爸妈妈简直为小敏伤透了脑筋，觉得小敏这一辈子都要这样浑浑噩噩、叛逆地度过。就这样从初中闹腾到高中，直到高二的某一天，小敏正准备逃课出去和狐朋狗友玩，还没有走出班级教室的门，就被老师抓个正着。

老师当即喝令逃课的孩子回到教室里做一道刚刚讲过的数学题，巧合得很，小敏因为无聊才看过这道数学题，为此她很顺利地把题目做出来，而且解答过程堪称完美。老师看出来小敏和其他差等生不同，语重心长地对小敏说："小敏，其他同学是没有能力学好，但是你和他们不一样。你是个非常聪明的女孩，只要你愿意，你是可以把学习成绩搞好的。还有一年多就要高考，你为何不给自己一个机会去大学里看看呢？那里，有你从未看过的世界，你如果继续这样混下去，有朝一日一定会后悔的。"此后，老师经常给小敏做思想工作，渐渐地，小敏被老师打动，而且趁着暑假的时间，央求爸爸妈妈带着她去了北京、上海等城市，专门游览了大学校园。小敏深刻意识到老师说得对，从此之后，她非常努力学习，而且主动要求爸爸妈妈给她报名参加补习班。就这样，小敏的学习成绩很快得以提升，她从班级里的差等生变成中等生，后来渐渐地成为优等生。高考的时候，小敏以优秀的成绩考入一所一本院校。大学的生活丰富精彩，才进入大学一个月，小敏就特意写信感谢老师当年对她不离不弃的教导和劝谏。在整个大学期间，小敏都没有放纵过，而是始终努力学习、勤奋刻苦，结果顺利考上本校的研究生，她的理想是成为一名大学老师呢！

在这个事例中，小敏从一个凭着爸爸妈妈提供的优越条件而放纵的孩子，变成了积极努力面对人生的孩子。尤其是在进入大学校园之后，她的视野变得更加开阔，这就注定了她的人生将会与众不同。一直以来，关于学历的争论就没有停止过，很多人觉得学历没有用，就是一张纸；也有很多人认为学历是敲门砖，可以代表一个人在特定的学习阶段取得的成绩；还有人认为学历非常重要，能够代表一切。不得不说，这些想法都有些偏激，有失偏颇。实际上，学历既不那么重要，也不那么不重要，但是在大学教育普及程度越来越高的今天，学历还是必需的，至少可以证明我们已经接受了大学阶段的教育。

现代社会生存的压力越来越大，职场上的竞争日益激烈，一个人要想在社会之中为自己赢得一席之地，没有点儿真才实学是不行的。为此，不要再为学历是否重要而纠结，因为在你纠结的时候，很多人已经悄无声息地考取了双学历，甚至还获得了很多证书。一个人拥有多少底牌，往往决定了他能够在人生的道路上走多远，从现在开始，何不利用宝贵的生命时光让自己拥有更多的资本呢！俗话说，家有余粮，心里不慌。实际上，在人生的历程中，我们也一定要让自己获得更多的资本，才可以坦然面对人生，也才可以在人生的道路上走出自己独特的姿态！

把时间用来学习，人生必然会开花结果

“春天在哪里呀，春天在哪里？”相信很多朋友都是唱着这首歌长大的。然而，等到长大之后，每个人都缺少闲情逸致去寻找春天，而是更加急不可耐地想要找到成功，为此可以把这首歌改一下，变成“成功在哪里啊，成功在哪里？”显而易见，找到成功比找到春天更难。一年四季更迭，冬天过去了，春天还会远吗？但是，对于人生而言，要想获得成功却是很困难的。因为有的人哪怕失败很多次，也未必能获得成功；有的人坚持了很久，对成功心灰意冷，结果导致时间悄然流逝；还有的人面对人生的一次失败，就陷入颓废沮丧的情绪之中，无法自拔。为此，他们距离成功越来越远。

成功也不是可遇不可求的，大多数人的成功还是通过辛苦

努力付出才获得的，因而成功还是有迹可循的。与其说勤奋了就能获得成功，不如说把时间用在哪里，哪里就会成功。也可以说时间在哪里，成功就在哪里。曾经有一位心理学家为了研究成功与时间的关系，用自己家的三个女儿去验证。他把三个对于象棋并没有表现出独特兴趣的女儿送去学习象棋，结果女儿们在经过十几年的努力之后，都成为优秀的象棋手。由此可见，把时间用在哪里，成功就在哪里。这也充分验证了一万小时定律的正确性。当然，这里所说的一万小时只是一个概数，用来表示要想获得成功，需要付出漫长的时间，也许是一万小时，也许是两万小时，也有可能是八九千个小时，这要取决于一个人所从事的行业，以及他自身的天赋。如果盲目地信奉一万小时定律而导致功亏一篑，就是得不偿失的。

很多伟大的人都渴望获得成功，为此他们很珍惜时间。李开复就曾经说过，每个人都有两个至关重要的财富：一个是才华，一个是时间，而实际上才华与时间也是相辅相成的。一个善于珍惜时间的人总是能够充分利用时间，充实和完善自己；相反，一个人如果不善于珍惜时间，总是任由时间悄悄地溜走，他们就会陷入空虚之中，也会因为自己没有任何进步和成就而变得颓废与沮丧。要知道，才华不是与生俱来的，是我们利用时间在后天不断积累才慢慢得到的。因而要想让人生充实且精彩，我们就一定要珍惜时间，更要充分利用时间，让时间发挥最大的效力，创造最大的价值。

珍惜时间，具体而言有以下几点要做到。

首先，要做自己兴致盎然、真心喜欢的事情。正如人们所说的，时间是最好的老师。在现实生活中，很多人常常做着自己不喜欢的事情，因而导致在成长的过程中白白浪费时间，却从未得到过时间的馈赠，最根本的原因就在于兴趣。

其次，要掌握二八法则，提升对于时间的利用率。1897年，意大利经济学家帕累托有了一个惊人的发现，那就是在这个世界上，80%的社会财富都掌握在20%的人手中。这个理论告诉我们在社会生活中，真正的公平是根本不存在的，尤其是在产出和投入之间，更是存在着巨大的不对等。既然如此，人们在把时间作为一种投入成本的时候，也应该考虑到综合的收益，从而才能避免无用功。细心的朋友也许会发现，人每天虽然有24个小时，却有差不多12个小时的时间都用于吃喝拉撒，只有八九个小时的时间可以用于学习和工作。而在这八九个小时的时间里，每个时间段人的精力旺盛程度也是不同的。为此，要想提升做事情的效率，就要抓住高效率的时间做好重要的事情，这样才能提升时间的利用效率。

最后，一定要对时间有计划，有规划。很多人在一天之中浑浑噩噩，一天的时间很快就过去了，却没有做好任何实际的事情。那么一生的时间也会如同白驹过隙，等到意识到时间已经悄然流逝的时候，时间也一去不返。为此，每个人都要学会合理计划和利用时间，唯有如此，才能把宝贵的时间用得恰到好处、绝不浪费，这是提升生命力的好方式。此外，计划时间还有一个好处，就是可以让原本杂乱无章的事情变得秩序井然，也分清楚主次、轻重，这样就能够有的放矢地处理好每一件事情，也提升生活的效率。记住，时间从来不是无止境的，我们不能因为年轻就肆意浪费时间。对于每个人而言，生命只有一次机会，时间也是非常值得珍惜的，只有珍惜时间，把握每一分每一秒，才能让时间开花结果，在人生的历程中绚烂绽放。

以知识作为武器，让自己更加强大

人们常说，无知者无畏，难道是说没有知识的人才会非常勇敢吗？当然不是。这句话的意思是说，无知的人因为什么都不懂，所以他们总是不知道害怕，也常常会在面对人生的各种情况时表现出莽夫之勇、无知之勇，甚至盲目地逞能。实际上，真正的勇敢是什么？真正的勇敢是明知道事情有很大的危险性，却依然能够战胜内心的恐惧勇往直前。所谓的无知者无畏，是因为无知者根本不知道有危险的存在，因此不是真的勇敢。

要想战胜恐惧，就要更加学习知识，以知识来充实自己。正如人们常说的，真正让人恐惧的是恐惧本身，而不是外界的东西。既然如此，每个人就要努力地战胜恐惧，才能让人生有更加美好、值得期待的未来。还记得小时候作业本上写着的字吗？——书山有路勤为径，学海无涯苦作舟。任何时候，我们都应该努力学习知识，全力以赴奔向最美好的明天，这样才能更加以知识作为武器来充实自己、武装自己。庄子曾经说过，吾生也有涯，而知也无涯。这就告诉我们学习是永无止境的，每个人都应该在学习的道路上求知若渴，才能真正地学习好，也才能在学习方面获得长足的进步。

学习的能力只有少部分是天生的，大多数人在学习方面的能力，都得益于后天的成长。只有在面对学习的时候坚持不懈，遇到困难也迎难而上，并且对于知识怀着强烈的渴求，我们才能更加有的放矢地学习，也让人生拥有更加美好和成功的未来。

在《钢铁是怎样炼成的》中，保尔·柯察金曾经说过，人，最宝贵的是生命，对于每个人而言，生命只有一次机会。由此可见，生在和平年代的我们应该更加珍惜时间用来学习，也要全力以赴做好自己该做的事情，才能更加无所畏惧地勇往直前。

正如一个伟人所说的，知识就是生产力，对于我们每个普通而又平凡的人而言，知识更是如此。我们一定要以知识作为武器，才能让自己变得更加强大，这样才能全力以赴面对人生。毋庸置疑，求学的道路是非常辛苦和艰难的，每个人都要非常努力，才能奔向自己期望的人生目标。在如今的时代里，每个人的生活都与知识是密不可分的，只有努力掌握更多的知识，适用知识，我们才会有更美好的生活。记住，知识不但是生产力，也是人生的动力，唯有全力以赴学习知识，才能让人生变得更加坚定充实，生机勃勃。

保持旺盛的学习精力

常言道，技多不压身，趁着年轻，我们要多学一些技艺，这样才能够行遍天下都不怕。如果没有求生的技能，只能做平淡无奇的、随时都有可能被替代的工作，如何创造美好的未来呢？

从心理学的角度而言，要想在职场上纵横驰骋，一定要具有核心竞争力，这样才能让自己无可替代，也才能让自己拥有奋斗的资本。有一点是毋庸置疑的，那就是如果不趁着年轻的时候多多努力，老了的时候就会因平庸的生活而后悔。既然技多不压身，为何不趁着年轻的时候多学艺，从而让自己的人生有更好的成长和发展呢？任何时候，有付出才有收获，虽然有的时候付出之后未必有收获，但是如果不努力付出，就会没有任何收获。对于每个人而言，学习就是在这个世界上不断认知和创新的过程，只有认识世界、了解世界到底是怎么回事，我们才能发挥创造力过更好的人生。

有一窝老鼠生活在一户人家的储藏室里，每当夜深人静的时候，老鼠妈妈就会带着小老鼠们出来寻觅食物。它们最喜欢去的地方是厨房，因为厨房里有一个厨余垃圾桶，垃圾桶里装满了人们废弃不用的食物残渣和剩饭剩菜，对于老鼠而言，这恰恰是不可多得的美食。为此，每次来到垃圾桶，老鼠们都觉得像是发现了深山里的宝藏，满怀欣喜。

有一天，老鼠妈妈和小老鼠们和往常一样围聚在垃圾桶旁边准备大快朵颐，突然听到一声猫叫。老鼠妈妈心惊胆战，感觉到猫咪越来越近，因而赶紧带着小老鼠们寻找安全的地方躲避。猫咪可是把老鼠当成天敌，看着四处逃散的老鼠，它丝毫不留情，继续追赶。这个时候，有一只老鼠跑得比较慢，被猫咪抓住了，吱吱乱叫，向着妈妈求助。就在猫咪张开大嘴想要吃掉老鼠之际，突然传来狗的叫声，猫咪吓得四处逃窜，转瞬之间就不见踪影。这个时候，老鼠爸爸从墙角里走出来，对小老鼠说：“我早就告诉你们技多不压身，如果你们也学会和我一样的本领，能够惟妙惟肖学习狗的叫声，今天就不会险些被猫咪吃掉。”

这只是一个故事，但是却告诉我们一个道理，如果有机会，也有条件，多学一项技能总是没错的。大文豪高尔基曾经说过，一个人要想度过充实的一生，就要多多学习技艺，这样才能保持旺盛的学习精力，也才能保持进步的人生姿态。

记住，技多不压身，机会永远都是留给那些有所准备的人。与其浪费宝贵的时间用于吃喝玩乐，还不如趁着年轻的时候精力旺盛，积极主动地学习更多的知识，也帮助自己有效地获得成长。记住，凡事宁早不晚，只有把事情做在前面，才能让自己富裕出更多的时间，也才能让自己获得更多的成长和更大的进步空间。当事情的发展不如意的时候，还可以有更大的回旋空间去努力改变，即使事情很糟糕，也有挽回的机会，至少可以挽回一部分，不至于让事情无可挽回。

第9章

人生的格局：

激发生命能力，不为自己设限

打开格局，人生才有好发展

在漫长的人生之中，每个人难免会遇到各种坎坷挫折与磨难，也常常在面对失败的时候感到灰心丧气，甚至彷徨无助。然而，人生并不会始终充满艰难，也不会一直一帆风顺。任何时候，做人都要淡然自若，才能最大限度激发生命的能量，也才能全力以赴经营自己的精彩人生。否则，在阳光明媚的时候欢笑，在阴雨连绵的时候又该如何呢？恐怕只能盲目地忍耐，无奈地煎熬，不知不觉之间就失去了对于人生的主宰权。

一年有春夏秋冬四个季节轮流交替，人生也有悲欢喜乐不停地上演。既然人生是未知的，每个人都不知道自己的人生将会在何时戛然而止，那么就要努力尽心地活好每一天，也要在人生前进的道路上始终不忘初心、砥砺前行，从而才能距离自己梦想的生活越来越近。

曾经有一个年轻人觉得人生太累，身心疲惫，为此去找高僧开解。高僧什么也没有说，只是让年轻人背起背篓去爬山，并且叮嘱年轻人看到好看的石头就捡起来放入背篓里。对于高僧的安排，年轻人尽管很困惑，不知道为什么这么做，但是却完全照做。结果，随着背篓里的石头越来越多，年轻人背得越来越吃力，苦不堪言。到了山顶，高僧早已在等着年轻人，他又让年轻人每下一个台阶，就扔掉一块石头。结果，年轻人下山的路越走越轻松。最终，年轻人背着空背篓回到山脚。高僧对年轻人说："你想要在人生中得到更多，就要有担当。要记住每个人的承受能力是有限的，对于那些可要可不要的东西，不要一味地将其捡起来放入背篓里。"

人在顺境中就要表现出胸襟，因为只有有大气度的人，才能与身边的人友善地相处。而在危难的时刻，就要看到责任和担当。唯有如此，才能更加不断地努力向前。有大格局的人生，去路漫漫，而没有格局的人生，则总是自己就把自己局限住了。所以要想让人生有好的发展，打开格局就是关键。

格局并非与生俱来的，格局的大小也没有统一的标准。只有有格局的人，才能拥有开阔的胸怀，也才能有更高远的见识。记住，任何时候，都不要让格局局限了自己，只有打开格局，让一切事情都更好地发展，才能获得更加长足的成长和发展。

那么，什么是担当呢？屈原曾经说过，路漫漫其修远兮，吾将上下而求索。担当，是根据人的胸怀与气度决定的，也与人的理想与志向密切相关。在世界历史上，撒切尔夫人是威名远扬的，她能够成为英国名震世界的铁娘子并非偶然。在小时候，父亲就教导她一定要坐在前排，哪怕是坐公交汽车，也要当仁不让坐在最前排。所谓永远坐在最前排，实际上是出位意识，就是勇于也敢于让自己坐在最前面，始终不甘于平庸。当然，这样的出类拔萃和优秀杰出是不可能凭空得到的，而是要勇于担当、敢于负责。在父亲的教导下，撒切尔夫人从小就非常努力，不管做什么事情都争取出类拔萃。自然，她能成为英国首相、世界政坛的铁腕人物也就不足为奇。

所谓担当，既有普遍的含义，那就是责任，根据每个人特殊的情况，也有特别的要求。担当总是主观进行的，而不是被动接受的。一个人要想活出独属于自己的精彩人生，需要有担当，要想治理好国家，同样需要有担当。古往今来，勇于担当都是人生中至关重要的品质，对于每个人来说都具有与众不同的意义。做人，一定要有担当，才能成为顶天立地大写的人，也才能全力以赴过好属于自己的人生。

打开人生的格局，成为命运的主宰

在封建社会，为了实现对人民的统治，封建贵族阶层提出了命运的说法，让人民相信皇帝是上天派来统治万民的人，也让人民对于封建贵族阶层表现出绝对的顺从，消除抗争的念头。这样的思想存在过漫长的时间，所以虽然如今已经到了崭新的时代，也依然有人会受到封建思想宿命论的影响，把很多自身无法改变的事情都归结为命运。这样一来，很多事情就都有了圆满的解释，人们也终于可以自欺欺人继续这样按部就班地生活下去。

一个人如果总是迷信命运，把很多事情都归结于命运的主宰，他们就会随波逐流，失去对于很多事情抗争的欲望。只有不信命，相信自己是命运的主人，也努力地成为命运的主宰，才能真正地掌控人生。记住，人的命运从来不是由天意决定的，每个人都要勇敢地与命运抗争，才能在关键时刻展现出自身的力量，也才能让自己成为真正的人生强者。

不仅中国人信命运，在西方国家，也有很多心理学家研究过命运。为了弄清楚命运是否真的存在，他们还会进行各种各样的实验。在英国，心理学家汉斯·艾森克曾经针对星座学说进行过调查，在意识到把那些信奉星座的人作为研究对象太过局限之后，他又找了很多不了解星座的人进行研究，最终发现后者的性格特征与他们的星座表现出来的性格特征完全不同。由此可见，对于命运，信与不信是关键。

张奶奶70多岁的时候曾经算过一次命，算命先生说她只能活到83岁，为此，到了83岁这一年，张奶奶整天念叨着自己没有活路了，原本硬朗的身体也变得越来越差，到最后居然只能躺在床上哼哼。看到张奶奶的身体情况这么糟糕，儿子赶紧将张奶奶送到医院诊治，医生在给张奶奶做了全面检查之后，却认为张奶奶根本没有任何毛病。那么，张奶奶为何看着就像要不行了呢？

全家人都为张奶奶的病发愁，有一天，孙子突然想起来张奶奶算命的事情，为此又找了一个算命先生来，还和算命先生串通好，让算命先生亲口告诉张奶奶她一定能活到100岁。因为算命先生把家里的情况说得很对，所以张奶奶对算命先生的话深信不疑。渐渐地，张奶奶恢复了生机和活力。

张奶奶的表现是典型的相信宿命。就因为算命先生曾经说张奶奶只能活到83岁，为此她到了83岁就认为自己大限将至，对于自己的人生失去了信心和希望。后来，孙子找了另一个算命先生来给张奶奶算命，这才打消了张奶奶的负面想法，让张奶奶相信自己可以活到100岁。正是这样的行为，让张奶奶对于生命充满了信心，所以再次获得生机。

人生一定要有大格局，而不要局限于对宿命论的迷信之中。任何时候，只有不相信命运，我们才能真正主宰命运，也只要打破命运的局限，我们才能成为人生的掌控者。要知道，人生是充满奇迹的，凡事皆有可能，只有不断地突破和超越自我，我们才能真正地成长起来，也才能全力以赴做好该做的事情。最终，我们会拥有充实精彩的人生，也会在生命的历程中更加精彩地绽放自己。

迎着命运而上，才能真正战胜苦难

人的本能是趋利避害的，人人都希望得到命运的善待，而不希望得到命运的捉弄。面对苦难的时候，人们情不自禁就想要逃避，却不知道有些命运是逃不掉的。虽然把一切都归咎于命运并不科学，也不合理，但是有的时候，命运的确无法抗拒。既然不能逃避苦难，不如积极地拥抱命运，迎接苦难的到来，也唯有迎着命运而上，才能真正地战胜苦难，在人生之中获得更加强大的心灵力量。

不可否认，现实生活中，很多人都曾因为自己身处困境而烦恼。当然，一味地抱怨或者逃避非但不能解决问题，尤其是怨声载道，还会导致问题变得更加复杂和糟糕。既然哭着也是一天，笑着也是一天，我们为何不能笑着度过人生的每一天呢？所以最重要的就在于我们要笑着度过人生的每一天，才能全力以赴做好该做的事情，实现人生的理想和志向。有人说，人生中如果没有苦涩，也就没有甜蜜；如果没有丑陋，也就无所谓美好；如果没有坎坷与挫折，也就没有所谓的顺心如意。因而，每个人都要学会接纳人生的不如意，才能在人生的道路上端正心态，绝地反击。

人人都想卓尔不群，都希望自己能够更加成才，却不知道人生从来都没有彩排的机会，不管做得如何，都是一次成型的。那么要想让自己出类拔萃，在顺境之中并不能很好地表现出来，唯有在逆境之中，才能更加彰显出一个人的气度和胸怀。所谓危难时刻见真情，实际上危难时刻也能看到一个人的真实能力。所谓路遥知马力日久见人心，危难时刻能考验一个人。

记住，人生不是用来享福的，而是用来接收磨难的。只有能够在挫折和磨难中崛起的人，才能从容不迫地面对人生，主宰和驾驭人生。对于强者而言，苦难是他们进步的阶梯；对于弱者而言，苦难则是他们成长的绊脚石，甚至是他们人生的深渊。任何时候，遇到苦难，都不要一味地抱怨，更不要自甘沉沦。唯有想方设法战胜苦难，才能彰显出自己的与众不同和气度。

默克尔是德国历史上的第一位女总统，而且也是历届总统中最年轻的总统。她小时候上游泳课，跳台足足有3米高，为此默克尔非常恐惧，瑟瑟发抖，根本不敢迈出去一步。同学们都在鼓励她，她还是无法战胜恐惧，眼泪都情不自禁地流出来了。然而，她努力地向前迈出一步，闭着眼睛跳下跳台。同学们都问她是如何战胜恐惧的，她说："爸爸告诉我，哪怕害怕得闭着眼睛，也要勇敢向前。"正是因为有这样顽强不屈的精神和意志力，默克尔才能在成长的过程中一往无前、持续进步。最终，她不但获得了物理学博士学位，而且进入政坛，在政治上获得了辉煌成就。

的确，面对恐惧，哪怕闭着眼睛也勇敢地向前一步，你就能够成功地摆脱困境。相反，那些总是因为胆怯和畏缩而停留在原地的人，是不可能有所进步的。毋庸置疑，生活中充满了苦难，我们必须勇敢面对，才能全力以赴赢得人生的胜利。

记住，人生是一场苦难，日子再苦涩难熬，我们都要微笑着面对。唯有战胜生活的困难，唯有在人生前进的道路上不断地前行，我们才能真正地驾驭生活，也才能领悟人生的真谛。

畏缩不前，人生如何散发香气

对于强者而言，逆境就像是考验他们的难关，只要超越自我突破难关，人生也会随之舒展。对于弱者而言，逆境则像是迈不过去的坎，他们很容易就被逆境阻碍，人生似乎也随之陷入绝境，再无逆转的可能。由此可见，对于强者而言遭遇逆境是凤凰涅槃，对于弱者而言遭遇逆境则是死里逃生，只能苟延残喘。实际上，很多成功人士都是在遭遇逆境甚至是绝境之后才出类拔萃的，逆境能够磨炼人，也能使人生变得沉甸甸的。假如一个人想要磨炼自己的心智，让自己变得更加坚强，就应该坦然面对逆境，真诚拥抱和接纳逆境，这样才能让自己更加坦然从容。

尽管我们在生活中总是祝愿他人一帆风顺，实际上，顺境虽然能够让我们的人生更加充满坦途，但也未必全是正面的作用。很多情况下，长久的顺遂会让人失去警惕，甚至让人变得娇弱无比。偶尔的逆境让人们更加努力地面对生活，更加专注地迎接生活的挑战，各个方面的能力也就变得更突出，甚至心性和意志也得到很好的磨炼。如果你想要成为生活的强者，就应更加欢迎生活出现逆境。古人云，天将降大任于斯人也，必先苦其心志，劳其筋骨，饿其体肤，说的就是这个道理。很多人在生活中都曾看过磨刀石，磨刀石正是通过摩擦，才使刀刃变得更加锋利。人生也恰恰需要逆境作为磨刀石，让自己变得更加坚韧不拔，更加从容不迫，更加百折不挠。

在奔向成功的路上，很多人刚开始时都兴致盎然、动力十足，也信心百倍。然而，一旦遭遇小小的挫折，他们马上就会变得垂头丧气，甚至根本无法继续坚定信心，勇往直前。毫无疑问，这样的人是不会得到成功的青睐的，唯有在挫折面前坚定不移的人，才能最终获得成功。如果说人生是一捧茶叶，我们应该成为沸水，让人生在沸水的浸泡之中缓缓舒展开来，成为一杯清香四溢的茶。否则，人生就会变得颓废。

很久以前，有个年轻人处处失意，不管做什么事情都非常坎坷，总是难以如愿以偿。为此，他不远千里去了普陀山的普济寺，想向得道高僧求教如何才能更好地活着。此时此刻，他已经万分沮丧，因而对高僧说："高僧，我一生之中从无顺遂，总是屡遭磨难。像我这样的人，活着还有什么意义呢？求大师指点迷津，帮助我更好地活着吧！"高僧仿佛入定一般，坐着一动不动，直到年轻人絮絮叨叨说完自己的烦恼，他才吩咐小和尚："施主远道而来，你拿一壶温水来给他沏茶吧。"

很快，小和尚就拎着一壶温水走了过来。高僧在杯子里放入一些上好的茶叶，把温水注入杯子，然后把茶水递给年轻人，问："尝尝这杯茶，看看香不香？"年轻人闻了闻，又喝了一口，说："这么好的茶叶，您却用温水冲，可惜了，一点都不香。"高僧笑了，说："你也知道茶叶必须用沸水冲，才能色香味俱全？"年轻人点点头，说："当然，茶叶必须用沸水啊！"

高僧吩咐小和尚，说："再去拿一壶沸水来。"小和尚领命而去，不一会儿就拿来一壶沸水。高僧又在一个空杯子里装入茶叶，缓缓注入沸水，茶叶清香的味道马上散发出来，满屋子都飘着香气。高僧又问："这杯茶味道如何？"年轻人笑着说："这杯茶香气扑鼻，让人闻之心旷神怡。"高僧又说："你看看杯子里的茶叶，在沸水里浮浮沉沉，才能释放出如此的清香。人生也是如此啊，面对重重挫折和磨难，唯有变成沸水，才能让这些茶叶舒展，释放出清香来。"年轻人看向杯子，果然如此，他心中释然。

人生就像用沸水冲泡茶叶，只有让茶叶在杯中沉沉浮浮，才能不断地释放香气，也只有让挫折磨炼我们，我们才能真正实现自我的价值。人在一生之中，会遇到许多坎坷挫折，在这种情况下，我们必须非常顽强地面对，让自己成为沸水，让那些苦难和挫折如同蜷缩的茶叶一样释放，才能让人生更加绚烂。

浮生若茶，每个人的人生都如形形色色的茶叶，无论如何，都必须把自己变成沸水，才能让人生更加香气充盈。如果我们畏手畏脚、止步不前，人生也就无法一次次地散发香气。

主动拥抱寂寞，便不会迷失本心

没有人喜欢寂寞，寂寞就像是一堵沉重的墙，压得人们喘不过气来。越是与寂寞对抗，寂寞就越像一个魔咒，紧紧地箍在我们的心头，让我们失眠心悸，无法面对自己的内心。其实，寂寞并非我们想象中那么可怕。只要我们摆正心态，不与寂寞对抗，寂寞也就会变得更加平和，而不至于一鼓作气地想要置我们于死地。就像失眠一样，失眠其实也是一种形式的寂寞，当整个世界都陷入沉睡之中，唯独你醒着，那该是怎样深刻的寂寞啊！越是这么想，失眠的人就越是难以入眠，因而导致失眠日渐加重。实际上，如果我们能够发自内心地接受失眠的现状，不与失眠对抗，而是与其和谐共处，那么失眠的负面影响就会大大降低。例如，失眠的时候不要强迫自己入睡，更不要以数绵羊的方式给自己形成压力，不如起床捧起一本书享受片刻的宁静，更加贴近自己的心灵。这样，失眠的现象也许会在你的坦然之中渐渐减少，甚至完全消失。

在总结自己的一生时，西方有位著名的哲学家说："在75

年的岁月中，我享受宁静的日子加起来不超过4个星期。在一生之中，我就像是一块山上的岩石，时而被推到山顶，时而又被滚落下来。”从这位哲学家的话中我们不难看出，每个人都梦想着追求宁静的人生，也因此寂寞成为不可多得的奢侈享受。并非每个人都那么幸运能够时常拥有寂寞，大多数人都是在匆忙熙攘中度过一生。遗憾的是，现实生活中有很多人都害怕寂寞，甚至有人独自在家里待着的时候，还必须打开电视，以电视里发出的声音排遣寂寞。不得不说，这些人的内心太过空虚，时刻都要依靠外界的嘈杂来填满。真正内心充实的人，不但经得起繁华，更能耐得住寂寞，他们就像是傲然绝立于天地间的精灵，自有自己的宇宙。

对于心灵而言，寂寞就像是一个避难所。尤其是奔波忙碌在现代社会的诸多灵魂，更需要寂寞的庇护。细心的朋友也许会发现，自己的爱人每隔一段时间就喜欢独处，他（她）们莫名其妙地忧伤或者安静，把自己缩在一个角落里，不希望被人打扰。毋庸置疑，现代社会的人们承担着巨大的压力，不但要养家糊口，成为家庭的支柱，还要努力在工作上表现出色，开拓自己的人生。因而，平日里沉默寡言的人承受着无法宣泄的压力，只能通过寂寞来消解，给自己喘息的时间和空间。每当这时，聪明的爱人应安静地守候在一边，让其像小兽一样给自己疗伤，休养生息。

寂寞也是一种不可多得的感受。喜欢享受寂寞的人，即使置身于人群之中也难以消除孤独的滋味；相反，他们更喜欢独处，因为只有安静的世界才能让他们无限亲近自己的心灵。寂寞时，我们可以品茶读书，也可以提笔写信，还可以发发呆，看着窗外的朝阳和彩霞，还可以打扫卫生收拾衣柜，顺便清理自己的思绪、整理自己的心情。一个人唯有懂得了寂寞的滋味，能够从容接受寂寞，发自内心地拥抱寂寞，才能更加从容地面对喧嚣热闹的日子，也不至于迷失了本心，遗忘了自己。

第10章

思维的格局：

主动打开思路，一切皆有可能

打破意识的铜墙铁壁

在生活中，每当面对失败的时候，常常有人会抱怨，觉得自己没有过人的天赋，也没有显赫的家庭背景，更没有结识贵人为自己提供千载难逢的好机会。为此，他们彻底地放弃了努力，觉得自己穷尽一生也就这样碌碌无为，哪怕非常努力，也无法改变命运的结局。实际上，这样的心态正是导致人生走入死结的根本原因。在现实生活中，我们往往不是因为碰到了难以逾越的困难和障碍而选择放弃；相反，是因为内心缺乏希望和力量，才导致很多问题变得难以解决。人们常说，心若改变，世界随之改变。这个道理其实很容易理解，即当一个人面对困难的时候，如果自己轻而易举就放弃了，则根本不可能战胜困难。相反，当一个人面对困难的时候，如果内心充满了希望，始终不愿意放弃，那么他就能够把问题给圆满解决。所以我们是先缴械投降，还是要与困难斗争到底，验证自己的能力呢？前者注定了会失败，而后者则很有可能在失败的同时，尝试获得成功。我们当然要选择后者，即拼尽全力去努力，明明知道不可能，也要争取做到更好，这样才能够让人生不再被局限，从而拥有广阔的天地，也让人生拥有更多的可能性。

为何人生常常会走入死胡同呢？其实，人生是没有绝境的。人生之所以进入死胡同，无法走出来，不在于人生的各种条件，而在于我们的内心。很多时候，我们会困守在固有的思维里，无法摆脱出来，在这种情况下，我们不如换一种思路，这样才能打破思维的局限，打破意识的铜墙铁壁，也让思维豁然开朗。

作为一名默默无闻的作家，杰克很清楚自己的书其实并不比别人差多少，之所以不能成为畅销书，就是因为自己没有名气，也没有极富影响力的推荐者。如何才能够为自己的书增加名气呢？如果能请到一位大名鼎鼎、家喻户晓的人来给书写序，推荐自己的书，相信书一定会卖得非常火爆，甚至还会多次加印呢！想到这里，杰克感到很兴奋，然而他绞尽脑汁把家里所有的亲戚、朋友和曾经的同事都想了一遍，也没有想到哪个人有这样的号召力，可以助他改变书的命运。

思来想去，杰克突然想到了一个人，那就是当今的总统先生。听到杰克这个想法，所有人都对杰克的奇思妙想感到难以置信。他们说："总统先生日理万机，怎么可能为了给你的新书作序呢？而且，你与总统先生非亲非故，你只是总统先生无数人民中的一员而已，总统先生为何要如此偏爱你呢？"虽然被大家否定，杰克并没有放弃，他知道这是自己的书能够成为畅销书的唯一途径。他当机立断，写了一封信给总统，并且随信附上了自己的新书。他在信里对总统说："尊敬的总统先生，我很希望您能够阅读我的这本书，也给予我宝贵的意见。”几天的时间过去，杰克收到了总统先生的回信，随着信一起寄回来的，还有他的那本书。不过，总统先生并没有按照杰克所期望的那样读完整本书的内容，而是在信里写道：“非常抱歉，我每天都忙于公务，只看了你这本书的几页，就无法继续看下去了，所以你还是找更合适的人读过之后给你意见吧！”得到总统先生的这几句话，杰克如获至宝，他马上打电话给出版社，告诉他们：“这本书是总统先生亲自看过的。”果然，在出版社把这个噱头打出去之后，这本书的销量马上大涨。杰克高兴极了，他决定继续借助总统先生的影响力为新书做宣传。

等到又一本新书问世，杰克又给总统写了一封信，并且随信附上了书。这一次，总统先生已经知道了杰克的小心机，他决定惩罚杰克，所以在回信的时候只写了一句话：“这本书太糟糕了。”总统先生的话说得毫不留情，但是杰克如同开挂了一样，他当即又打电话给出版社，告诉出版社：“总统先生说这本书太糟糕了。”出版社依然用总统先生的回信作为新书的宣传手段。果然，大家都想看看被总统先生评价为太糟糕的书到底是什么样的，就这样，杰克的新书卖得比前一本书更火。

如果听信了朋友的话，杰克不曾给总统先生去信，那么他也就无法捧红自己的书，把自己的书变成畅销书。幸好杰克脑洞大开，想象力也很强，最重要的在于他还具有实干精神。他没有因为他人的话就放弃向总统先生发出请求，而是在与总统先生保持书信往来的过程中，坚持以总统先生的回信作为新书的噱头，果然大卖特卖。

在这个世界上，没有人能够仅凭自身的能力就做好所有的事情，哪怕是总统，也无法实现自己的所有愿望。作为寻常人，我们固然要脚踏实地，却也要敢想敢干，就像事例中的杰克一样，他正是因为坚持自己的想法，也切实去做，所以才能够获得总统的反馈和回应。最后尤其需要注意的是，一定要在有好想法之后当机立断地展开行动，切勿因为自己能力不足，就对人生总是妥协。在这个世界上，没有什么是不可能的，既然一切皆有可能，我们当然必须展开实际行动，才能争取做得更好。如果总是在没有开始行动之前就否定自己，就放弃努力，那么只能注定失败。

从现在开始，再也不要让自己纠结在“怎么可能”的怪圈里，而是要打开思维，脑洞大开，让自己敢想敢干，也敢于尝试。一切的成功都应该在切实尝试和努力之后才能得到，而不是在我们的假想中就已经被扼杀。我们要理性地控制自己的怀疑，而不要对于一切事情都认定根本不可能，唯有相信的力量，认识到一切皆有可能，我们才能够真正把不可能变成可能，才能够真正创造生命的奇迹。

勇于承担责任，不为失败找借口

俗话说，只为成功找方法，不为失败找借口。如果一个人在面对失败的时候总是为自己寻找各种各样的借口，那么他是不可能获得成功的。同样的道理，那些成功者之所以成功，也是因为他们永不放弃地坚持。也许每个人的失败都有自己的理由，也许每个人的成功都有独属于自己的经历，但是所有的成功者都有一个共同点，那就是他们能够主动地改变思维，找到成功的方法，而不会因为客观条件的限制就怨天尤人。对于他们而言，一切的可能性就在于人生必须要不断地尝试，不能满足于现状，而是要有更好的发展。在美国的西点军校，有一个传统尽人皆知，那就是当军官对学员说话的时候，不管军官说出什么，学员都只能回答“报告长官，是”“报告长官，不是”“报告长官，没有任何借口”，而不能对长官说不知道等原因和理由，更无须对长官解释为何不知道。在这样的传统之下，在西点军校，长官与学员之间只有简洁明了的对话，沟通的思路非常清晰，从没有任何学员会对长官进行无关紧要的辩解，也没有任何可有可无的争论。西点军校建校200多年来，始终奉行没有任何借口的行为准则，要求每个学生都要做到这一点。实际上，这一点不仅对于学生们遵守学校的规章制度、执行命令奠定了基础，而且对于学生们的人生理念也产生了很大的影响。

毕业于西点军校的每一位学员都会想方设法地完成任务，哪怕任务非常的艰巨，完成的难度很大，他们也从来不会寻找借口逃避责任、推卸责任。哪怕他们有着非常合理的借口，他们也绝不会为自己辩解，正是因为如此，西点军校才能以铁的纪律培养出无数优秀的军事人才。他们严格自律，在追求成功的道路上从来不会走回头路，更不会轻易放弃。

很多人一旦遭遇失败或者被他人批评，出于自我保护的本能，第一时间就会寻找各种各样的借口来为自己开脱。他们为什么这么喜欢寻找借口呢？是因为他们害怕承担责任，也担心自己的错误被公之于众之后，遭到他人的嘲笑。归根结底，还是因为他们的内心很脆弱，在遇到困难的时候，他们不认为自己凭着努力就能战胜困难，而是会找各种各样的理由，先来说服自己，再去说服别人。最终，他们这么做并不能促使自己获得成功，反而会导致自己总是与失败纠缠，不管做什么事情都会遭遇失败，距离成功越来越远。

在现实生活中，借口是最好找的东西。例如，我们原计划完成的工作没有完成，会说是因为有突发情况；我们本应该做到的细节却被疏漏了，我们会说这件事情是因为上司没有交代清楚；当在学习中出现各种困难，或者是导致严重的后果时，我们也会说是因为没有良好的学习氛围；甚至于父母在带孩子的过程中出现疏忽，导致孩子受到伤害的时候，也会说是因为孩子太调皮。不得不说，这样一心想要推卸责任的思想，会让我们在处理各种事情的时候都陷入被动的状态，有的时候我们甚至没有意识到自己是在推卸责任，但是实际上我们正在不停地为自己开脱，始终无法帮助自己建立好的行为规则。

和承担责任相比，找借口当然更容易。就像上文所说的，父母带孩子出现失误，会抱怨孩子非常淘气，那么对于一个年幼的孩子而言，他们根本没有判断能力，难道能对自己的行为负责吗？如果他们不能负责，那么把责任推到孩子的身上，岂不是更不负责任的表现？所以借口不但是欺骗他人，也是欺骗自己，拙劣的掩饰会让我们对困难视而不见，对责任一味地推脱，最终那些喜欢找借口的人渐渐地失去责任心，面对艰巨的任务，他们根本不敢挑战自我。

跳出思维定式的怪圈

思维定式是很可怕的，常常会让人的思维被局限在怪圈里，无法跳脱出来。有的时候，当人的思维被困顿于这个怪圈，还会导致思维变得僵硬和固化，对于原本很简单的问题都不能思考出圆满的解决方法。

公元前333年，亚历山大大帝四处征战，来到波斯领地阿拉伯半岛。这个岛屿在以前的王朝时代非常繁华，还是首都所在，这里还有一座神殿，供奉着天空之神宙斯。在神殿的正中间，有一辆古老的战车，这辆战车锈迹斑斑、历经风雨，有着沉重的历史感。这辆战车之所以非常著名，还因为大名鼎鼎的“格尔迪奥斯绳结”。千百年来，这个绳结从未有人能够解开，而且当初系下这个绳结的人曾经说过，只有能解开绳结的人才能成为统治者。无数人来到这座神殿，尝试着解开绳结，但是都没有如愿。

亚历山大也来到了这座神殿，他当然听说过这个著名的绳结，但是他在看到绳结的第一眼，就毫不迟疑地拔出剑来，把绳结砍断。旁边的人一片惊呼，亚历山大却不以为然地说：“每个人都要主宰自己的命运，不管用什么办法，只要能打开世界的大门就可以。”正是凭着手中的这把“剑”，亚历山大大帝成功地建立了自己的帝国。

是啊，没有人说过必须解开这个绳结，既然委婉的办法不能奏效，为何不能当机立断使用最立竿见影的方法解决问题呢！当亚历山大挥舞起他手中的剑，他也就成功地成为自己命运的主宰，也就能够圆满地解决看似无解的问题。而在亚历山大大帝之前，很多人都局限于思维的瓶颈，无法跳出思维的怪圈。这都是思维定式在作怪。

人，一定不要自我局限，否则就无法跳出墨守成规的怪圈。任何时候，只有打破思维的铜墙铁壁，我们才能创新地去思考问题和解决问题，也才能全力以赴把问题做得更好。具体而言，要想突破思维的瓶颈，就要做到以下几点。首先，要开阔视野，如果人的视野被局限，那么思维也会被局限，从而无法跳出思维的圈子。其次，要敢想敢做，当机之断。很多人在人生中之所以总是故步自封，就是因为他们不敢冒险，害怕承担责任。记住，人生没有重来的机会，任何时候，都要把握机会当机立断，才能最大限度激发自身的力量，也才能让自己全力以赴实现美好的人生。最后，不管思维多么新颖，人生有多少的可能去创新，都要努力提升和完善自身的能力，才能全力以赴做好该做的事情，也才能真正地让人生腾飞。如果总是让人生陷入困顿，在思维的铜墙铁壁中犹如困兽一样扑腾，那么人生就会渐渐地失去活力。

记住，这个世界上从来没有一蹴而就的成功，天上也不会掉馅饼。任何时候，一分耕耘，一分收获。不管何时，我们都要全力以赴做好人生中该做的事情，激发人生的无限可能，这样才能更加积极主动地成长，也才能给予人生不一样的充实和精彩。

打开思路，努力创新

现代社会是信息大爆炸的时代，顺应时代发展的潮流，也涌现出很多类似于“金点子”的创意公司。不得不说，现代社会的人们更加关注创新，也希望能够打开思路，赢得更广阔的人生空间。然而，现实生活中，却有很多人已经习惯了随波逐流。他们非常麻木，只愿意跟随常规的思路行事，很少主动想到应该努力创新、积极求变。不得不说，这样的人是很难取得突破性进展的，只会拘泥于陈旧迂腐的生活之中，其生活缺乏新鲜血液的注入。

很久以前就曾有人说过，在商场上，假如一件事情有很多人跟风去做，那么就已经失去了先机。大多数情况下，一个真正的好创意、金点子，只有在大多数人都表示反对，而只有少数人对此持有赞同和支持的态度时，才是真正的好创意，才是真正能够帮助人们实现命运转折的金点子。这就是时机。古人都说凡事要讲究天时地利人和，更何况是已经进入信息时代的现代社会呢！要想让自己的人生取得突飞猛进的发展，要想让自己的进步更加神速，要想让自己做起事情来事半功倍，更加接近成功，我们就必须努力积极地改变思路，从而找到成功的最佳路径。从这个意义上来说，我们只有巧妙地打开思路，才能真正拥有创新、进取的未来。

生活中，常常有人抱怨命运不公平，客观条件太恶劣。实际上，客观条件是很难改变的，我们与其花费宝贵的时间来抱怨，不如积极调整思路、改变态度。心若改变，整个世界也会随之改变，这句话是很有道理的。细心的人会发现，古今中外，大凡成功人士，无一不是具有先进思路的人。正是正确的和有前瞻性的思路，引领他们在前进的道路上始终保持正确的方法，及时校正自己的方向，他们才能让人生插上翅膀，飞跃重重艰难阻碍，获得成功。

作为一家知名房地产经纪公司，欢喜家无疑已经取得了很大的成功，因为它在以北京为首的几个一线城市中，成交占比已经高达40%。这样的占比，使得它相当于处于半垄断的地位，没有任何公司能够与它抗衡。在这种情况下，欢喜家的老板左军突然称要改变思路，在整个公司内部进行全面整改，并且提出了绝对遵守真房源的理念。在当时的市场情况下，左军提出的真房源不但指店面房源真实，也指网络的线上房源同样保证真实。这就意味着在以超低房价和假图片吸引客户的大背景下，欢喜家所有的经纪人都必须发布高于网络价格的真实价格，无疑，在短时间内，网络上的房源会因为价格缺乏竞争力、图片缺乏吸引力，而流失大量客户。

刚开始时，很多一线工作的销售人员都很难理解左军的决定，甚至带着排斥和抵触的心理对待工作。他们之中也不乏有些人顶风作案，依然偷偷地发布价格低廉、图片抢眼的假房源，但是公司的清查力度超出了他们的想象，新规公布的短短一个星期里，就有几十名员工被开除了。这样严厉的执行力度，使得留下的员工全都严格遵守公司制度。一段时间之后，客户流失现象减少，由于大家认识到虽然欢喜家发布的房源价格高，但是没有任何谎言的成分，全都是真实有效的，这极大地节省了客户从网络上良莠不齐的信息中筛选和甄别的时间，因而很多客户都变成了欢喜家的忠实客户。尝到甜头的员工都开始佩服左军的高瞻远瞩，而整个二手房经济市场，也因为左军和欢喜家全体员工的榜样作用被肃清了风气。

在这个事例中，左军原本已经带领欢喜家取得了很好的发展，却又与时俱进，及时改变思路，成为行业的领先者，不但为整个行业带来了新风气，也给真正需要买房的客户创造了极大的便利。这样一家良心企业，而且能够走在时代的前沿，对于整个行业的发展都起到引领作用，无疑是让人钦佩的。也正是因为左军的带头作用和先进的思路与理念，所以欢喜家才能发展得更好，博得更多客户的认可和忠诚对待。

不管对一个人来说，还是对一家企业来说，开阔的思路都是非常重要的。任何时候，闭塞的思路都会使人思维守旧、行为落后，当然也就无法做到与时俱进，更不可能取得良好的发展。很多时候，人们一旦遇到挫折，就会自我鼓励要坚持不懈。实际上，如果努力始终没有成果，最好的办法是积极进行自我反思以便打开思路，让自己的想法和创意更加超前，这样才能抢占先机，更好地面对人生。在这个世界上，任何东西都不会是静止不动的。我们只有保持不断进取和创新，才能跟上时代的脚步，成为时代的领军人物！

适应时代，主动求变

时代在发展，人如果始终保持一成不变，就会被时代的洪流甩下，甚至被淘汰。当然，生活中不乏惧怕改变的人，他们已经习惯了墨守成规的生活，很害怕改变之后的状况是自己无法接受的。因而他们选择排斥和抗拒改变，甚至是像鸵鸟一样埋头在沙堆中，自欺欺人。最终的结果如何呢？即使内心百般不愿意，他们依然被时代裹挟着改变，甚至被扭曲、被撕裂。明智的人会反思自己，既然改变的命运无法抗拒，为何不能变被动改变为主动求变呢？至少这样一来，还能占据改变的主动权，让自己的人生多一些选择的空间。

在这个信息大爆炸的时代，一切事情都讲究效率和速度，改变也是如此。你的被动改变一定会远远落后，这样的改变即使心不甘情不愿也必须要进行，却未必有好的结果。相比之下，主动改变则占据更多的优势，甚至能够帮助我们成为潮流的引领者。也许改变最终的结果不好，但是你却能够占据先机，有更多发挥的空间。在这种情况下，你胜算也会大很多，何乐而不为呢！

作为一名保险推销员，亚娟进入公司的半年以来，始终没有任何业绩。对此，亚娟很苦恼，眼看着还有半个月她的延长试用期就到了，她心急如焚。无奈之下，她只好去求助公司里销售业绩最好的王牌销冠。看着亚娟愁眉苦脸的样子，销冠不以为然地说："你的情况很正常，我刚刚进入公司的时候也这样。"亚娟惊讶得张大嘴巴，说："啊，真的吗？简直难以想象啊！"销冠依然淡定地说："当然是真的，谁生来就是销冠呢！大家都是从不会到会，再到熟能生巧。不过你的确有个致命的问题，你的思维太僵化了。如今你已经进入公司将近半年，居然才想起来反思自己。不过还好，你至少没有等到被开除之后再来请教。"亚娟不好意思地笑了，说："我一直不知道问题出在哪里，又不好意思麻烦你，向你求教。"销冠直截了当地说："要想改变现状，首先要改变你自己。"亚娟很困惑，说："但是我真的完全不知道问题出在哪里。""问啊，要想让别人从你这里购买保险，首先要让他们接受你。你就要了解，他们眼中的你有哪些缺点和优点，从而才能扬长避短。"

销冠一语惊醒梦中人，亚娟突然意识到问题出在哪里了。她当机立断，马上放下手中毫无进展的工作，挨个打电话询问那些认识她的人："你们觉得我的缺点在哪里？有没有什么优点？"如此持之以恒地问完了身边所有熟悉的人，亚娟发现自己有一个致命的缺点，就是不喜欢笑。对于一个销售人员而言，这无疑是缺乏亲和力的表现，也会导致与客户接触时无法得到客户的信任。当然，除此之外还有很多问题，亚娟全都细心、认真地记录下来，逐条改正。最终，亚娟在短短的一周时间里就发生了一些改变，后来又在工作的过程中不断完善自我。虽然在试用期内亚娟还是没有成功签约，但是她很愿意继续留在公司不要底薪地坚持工作。在试用期结束后的第一个月，亚娟就成功签约3张保单，使她直接成为公司的正式员工。

如果从不知道改变，而只是一味地苦恼，亚娟的工作依然不会有任何进展。正是因为销冠的提醒，亚娟才意识到自己是需要不断改变和完善的，因而脑洞大开，一下子就找到了问题的关键所在。这个世界就处于瞬息万变之中，包括我们的生活和工作，也随着世界的改变不断地发生变化。以不变应万变已经成为历史，我们唯有主动求变，才能更好地适应现代社会，也才能不断完善和提升自己。

对于客观存在的世界，曾经有位名人说，假如你不能改变世界，你可以改变自己。的确，很多客观的存在是无法改变的，但是我们的心却可以随时调整。每个人都是自己灵魂的主人，只要我们愿意，我们可以随时随地处于变化之中。如果你不想在人生之路上被淘汰出局，那就只能选择以主动改变应对客观世界的改变，从而避免被动改变的尴尬和无奈。

第 11 章

行动的格局：

想到就要做到，理想是用来实现的

不去争取，如何得到

天上会掉馅饼吗？当然不会。人生中，会有毫不费力就能得到的成功吗？当然也不会。因此，我们不管想要什么，都要努力去争取，才有可能得到。如果总是沉沦和迷失，则在生命的道路上我们一定会失去自我，也会变得越来越迷惘和无奈。

有些人总是盲目地放弃，他们在还没有具体实践时，就想象自己在真正去做的过程中会面临很多的困难和障碍，为此就会轻易放弃。殊不知，任何事情如果不真正去做，我们就不知道自己的能量有多么强大，也不知道事情到底会朝着哪个方向去发展。最重要的在于，我们除了要有梦想之外，一定要当机立断展开实际行动去做，才能在追求梦想的过程中距离成功越来越近。

如今，有很多人总是在感慨光阴荏苒、岁月流逝，却从不行动起来，未免让人感到空虚和乏味，而且带着矫揉造作的意味。每个人的生命都像是一条河流，或者汹涌奔腾，或者静水流深，但是，只要是河流就在流淌，以我们知道的或者不知道的速度。正如奥斯特洛夫斯基所说的，人，最宝贵的是生命，对于每个人而言，生命都只有一次机会。的确如此，生命的时光如同白驹过隙一般闪现，我们要想在生活中活出更多的滋味，就一定要更加全力以赴经营好人生，也要更加珍惜时间，利用好生命中的每一天，这样的人生才是更加理性和从容的。人生一定要有梦想，才能不断地进取，持续地进步，也才能在生命的历程中坚持奋进，努力前行。

作为一个名副其实的天才儿童，小雨在小学阶段二连跳，到了初中又跳级一次，考上大学的时候比班级同学小了整整3岁。为此，很多同学都觉得小雨很幼稚，也觉得小雨的思想非常简单，很多同学都认为小雨是小孩子。小雨对此不以为然，继续在班级里保持着最好的成绩。

时光飞逝，转眼之间，大家都面临毕业，小雨虽然年纪小，梦想可不小，他的梦想是考上一所名牌大学的研究生，等到自己成熟一些的时候再走入社会。对此，同学们纷纷对小雨发出善意的笑声："小雨真的有自知之明啊，否则哪家单位敢雇用童工呢？"然而，小雨想要报考的是国外的一所知名大学，他不但想考上研究生，还想拿到奖学金，这谈何容易呢？就在同学们觉得小雨根本是痴人说梦的时候，小雨却接到了那所学校的录取通知书。全班同学，甚至全校同学都震惊了：这个小不点到底是如何做到的呢？其实，小雨想要考取那所学校研究生的想法在他高三时候就已经有了。当时，小雨想去国外读大学，但是爸爸妈妈觉得小雨年纪小，都不愿意让小雨出国。为此，小雨把出国的时间推迟了4年，和那些到了大三大四才仓促准备考试的同学相比，小雨是一只聪明的鸟儿，早飞了很久。

对于那些被人嘲笑的梦想，只要我们足够坚持和努力，就一定能够获得成功。如果总是在成长的道路上迷失，而不知道人生将会面临怎样的局面，我们如何才能确立方向，在人生的道路上勇往直前呢？任何时候，都不要轻易放弃人生，人生就像是下棋，如果能够做到走一步看三步，或者走一步思谋七步，则我们就有更大的把握在人生的棋局中获胜。

生命的历程中，我们常常因为别人很优秀就盲目羡慕，殊不知，别人的一切好运气的背后都是谋划已久的一场长途奔袭。只有不断地成长和努力，只有全力以赴经营好人生，我们才能活出自己想要的模样，也才能真正得到自己想要的一切！

宝贵的时光，经不起浪费

对于每个人而言，生命都是最宝贵的，任何时候，都不能肆无忌惮地挥霍生命，更不能在生命的流淌中迷失自己。很多人对于人生都怀着三心二意的态度，总觉得人生有很多的事情需要去做，却茫无头绪，不知道到底应该如何去做，更不知道应该如何捋清楚顺序。为此变得犹豫彷徨，内心迷惘。其实，不管如何度过一生，都不要浪费生命，因为宝贵的人生时光从来经不起挥霍，经不起浪费。时间对于每个人来说都是公平的，没有人可以让时光倒流，世界上更没有后悔药。我们每个人都要拼尽全力做到最好，都是不遗余力奋发向上，才能激发自己生命的潜能，才能让自己的人生更加出类拔萃、绽放光彩。

遗憾的是，现实生活中，很多人无形中就浪费了宝贵的青春时光，等到有朝一日白了头，他们才懊悔沮丧，也才会惊觉人生中有很多事情都没有完成，可惜却没有机会弥补。当然，对于已经浪费的时间就不要继续沮丧和懊悔，对于还没有到来的人生，我们要更加积极主动地去把握和争取。时间是最珍贵的人生资源，与其花时间去抱怨、忧愁，不如有的放矢调整好自己的状态，全力以赴为了未来而拼搏和争取，这样才是人生中最美好的境遇。

生命只在当下，只有过好当下的每一天，才能有的放矢面对未来，才能拥有更加美好充实的人生体验。现实生活中，很多人为已经逝去的过去而懊悔遗憾，很多人都因为沉迷于未来的幻想之中而沾沾自喜、无法自拔，却不知道生命正在这样的懊悔遗憾和沾沾自喜中悄然流逝。人生，活在当下，只重视今天，这样才能全力以赴奔向美好的明天。俗话说，好汉不提当年勇，不管曾经有多少的辉煌，也不管未来有多么的美好，都不能代表今日。换一个角度而言，昨日是由于今日失去变成的，今日是由于明日到来变成的，在人生之中今天起到至关重要的作用，是无可取代的。不管昨日是好还是坏，不管未来是怎样的，我们都应该集中精力关注当下，这样才能做到最好，也才能珍惜人生的每分每秒。

很多人误以为自己有大把的时间可以挥霍，殊不知，生命的时光不会倒流，也不会因为任何人而驻足停留。只有不断地努力进取，只有全力以赴奔向美好的未来，我们才能更加有的放矢地经营好人生。还需要注意的是，人生不会重来，只有不断地努力进取，只有坚持奋斗，只有踏破人生的荆棘，才能在人生的道路上永攀高峰。

在生命的历程中，有些人总是感到非常害怕，是因为他们对于生命患得患失，常常会感到无奈和沮丧，也经常会因此而选择畏缩和逃避。实际上，只要生命始终存活着，就不可能一味地逃避和畏缩，只有不断地激发自己的信心，迸发自己的生命力量，才会在人生中有更好的表现。生命经不起犹豫和迟疑，人生的宝贵时光更经不起浪费。在这个世界上，每个人的生命时光都很宝贵，一定要珍惜。正如古人所说，明日复明日，明日何其多，我生待明日，万事成蹉跎。是啊，人生中看起来有很多天，而实际上认真算一算，除了睡眠时间之外，所剩无多。每个人都要有危机意识，都要意识到自己的生命是用来珍惜的，而不是用来浪费的。即使已经做错了事情或者浪费了时间，也不要因此而懊丧和后悔，而是更加应该努力振奋精神、把握人生，这样才能不断地推动人生向前发展，也才能朝着未来努力奋进，无所畏惧。记住，你的人生你做主，你要成为自己的神，你要成为自己的上帝，人生才会充实精彩、魅力无限！

提高时间使用率，让人生收获更多

现实生活中，常常有人抱怨自己的时间根本不够用。他们面对没有完成的作业，面对没有完成的工作任务，面对没有整理好的家务，面对没有做好的饭菜，唯一的借口就是时间不够用。但是每个人的时间都是一样多的。在这个世界上，时间是唯一绝对公平的东西，不管是对老者还是对孩子，不管是对成功者还是对失败者，时间始终都在嘀嘀嗒嗒地向前走，从来不曾因为任何人而停留片刻，也不曾因为任何人而加快速度向前。既然如此，为何有的人在同样的时间里可以做更多的事情，而有的人在同样的时间里却只能手忙脚乱地做好极少的事情呢？尤其是在工作中，有很多职员每天从早晨忙碌到晚上，看起来他们正在拼尽全力地工作，而实际上他们并不能把每件事情都做得圆满。这是为什么呢？

只怕作为当事人也不知道真正的原因在哪里，他们总是说自己没有时间，或者是时间不够用，所以才会无法完成本该完成的事情。但是实际上，和那些高效率的人比一比，他们就会发现问题的所在。原来不是因为高效率的人拥有更多的时间，也不是因为他们被时间薄待了，只拥有很少的时间，而只是因为他们没有提升时间的利用率，导致时间在他们的磨蹭之中悄然流逝，使得他们虽然经历了同样长的时间，却没有完成同样多的事情。

现代社会生活的节奏越来越快，工作上的压力越来越大，每个人每天随时随地面临形形色色的事情，这就使得人们在做很多事情的时候，总是会受到各种突如其来的事件干扰，也总是会不由自主地被所谓的干扰扰乱生活的秩序。人是群居动物，都在社会之中生活，都会面对这些干扰因素，但是最终的结果却并不相同。有的人做出了成就，有的人一事无成，这不是因为命运厚待或者偏爱谁，而是因为他们对时间的利用率不同，所以他们在同样的时间里做出的成就不同，得到的收获也不同。举个最简单的例子来说，每天上午9点开始上班，到中午12点吃饭，中间有3个小时的时间。实际上，上午的3个小时是非常宝贵的，因为人在上午脑力充沛、思维敏捷，工作效率也更高，但偏偏有些人一不小心就让上午的3个小时溜走了。原来，他们9点到了公司，先是泡杯茶，然后去了趟厕所，等到电脑打开之后，又要例行公事地浏览当天的花边新闻，就这样磨磨蹭蹭，时间已经到了10点多。想到还有一个多小时就要吃午饭了，他们未免有些心神不宁，所以情不自禁地又把这一个多小时荒废过去了，使得这一个多小时毫无效率可言。有些人则恰恰相反。他们为了在上午的3个小时里完成那些重要且紧急的事情，会提前半个小时到达公司，在半个小时之内就把私人的事情都处理好，9点，也许还不到9点，他们就已经端坐在电脑前开始一天的工作了。上午3个小时过去，他们会完成一天之中至少70%的工作，这样一来，中午吃完午饭，他们可以悠闲地午休，等到下午3点之后精神更清醒的时候，再集中精神在3点到6点之间把剩下的事情处理完。说不定，他们还有时间做一些私人的事情，或者休闲呢！如此珍惜上午的时间，就不会导致下午即使手忙脚乱，也无法完成既定的任务。善于利用时间的人，在上午的时间里集中精力去做事情，下午的安排就会相对轻松，这也符合人在上午精力充沛，而在下午精神倦怠的规律。所以，不要羡慕有些同事工作起来总是显得简单轻松，因为他们的简单轻松只是你看来的简单轻松而已，他们真正承担的工作任务很重，只是因为他们会合理地利用时间，所以才能够在完成工作之余享受休闲时光。

记得一位大名鼎鼎的管理者曾经说过，每个职员如果每天能够把60%的时间用于全身心投入地工作，那么他们工作的效率就会非常高。看到60%这个数字，相信大多数人都会感到惊讶：难道管理者对于职员的要求这么低，只要求职员把60%的精力用于工作吗？如果认真地想一想，你就会发现在一天之中，你甚至连40%的时间都没有全身心地投入工作。既然如此，就不要再抱怨自己没有获得进步，也不要抱怨自己没有赢得上司的赏识，还是认真地反思自己，看看自己的工作哪些方面做得不好吧！

众所周知，要想做成一件事情，需要很多的条件和资本。然而，大多数人往往把金钱和各种复杂的关系作为重要的资本，却忽略了对于每个人来说，时间是尤其稀缺的资源。这不是因为人们总是觉得时间不够用，而是因为时间是生命的载体，一旦我们让时间从指尖悄然流逝，那么也就意味着生命在以我们无法觉察的方式悄然流逝。所以从现在开始再也不要抱怨时间不够用，也不要抱怨人生总是有太多的事情需要处理，我们应该更加理性地面对时间，也应该更加珍惜时间，这样才能够提升时间的使用率，让生命的效率成倍增长，也让人生拥有更多的收获。

不拖延，严格执行行动计划

生活中，有很多人都喜欢拖延，对于不需要马上就做的事情，他们就会延后，总觉得既然事情不需要今天就完成，等到明天再去做也没关系。殊不知，此刻这一秒钟的拖延，就相当于无限延迟，因为谁也不知道在下一秒是否有新的工作出现。如果因为拖延而耽误未来把握人生，则我们一定会因此而陷入更加被动的状态，也会导致人生面临更不可预知的后果。既然如此，我们当然要时刻保持努力的姿态，这样才能让自己每时每刻都做好准备，在遇到人生中更好的机会时，可以毫不迟疑当即抓住机会。

面对人生，千万不要随便冒出拖延的念头，否则就相当于放弃努力。在人生的历程中，要想真正努力，我们就必须全力以赴走好人生的每一步。唯有如此，我们才能赶在时间的前面，让一切进展更加顺利，也让很多事情都有良好的开端。如果被时间追赶，因为时间的流淌而导致在生命中迷失，那么再想赶上时间前进的速度去进步，则会很难。总而言之，做事不要拖延，我们一定要珍惜点点滴滴的时间。

现代生活中，因为电子产品的普及，每个人面对的诱惑越来越多。没有要紧的事情需要做的时候，随随便便刷刷朋友圈，就会导致时间悄然流逝；或者用手机随时随地看看网络上的娱乐新闻，八卦一下明星的生活，就占据了陪伴家人或者努力读书的时间。也有人说因为电子产品的普及，导致时间碎片化，这其实是有道理的。实际上，不是只有大段的时间才能用来学习和进步，如果能够利用好这些碎片化的时间，也可以做成很多重要的事情。例如，坚持利用碎片化时间读书，那么一年下来也许就可以读十几本书，这样的知识积累对于每个人而言都将是巨大的进步。正如鲁迅先生所说的，时间就像是海绵里的水，挤一挤总还是有的。遗憾的是，很多人非但没有把海绵里的水挤出来，还把大段的时间浪费在网络上，结果导致更多的时间变成了海绵里的水，无法利用。对于一个人而言，这样严重地浪费时间，必然降低生命的效率，也会让生命的质量大打折扣。

具体而言，要想做到珍惜时间，首先，要制订严格执行的计划。很多人都有拖延的坏习惯，甚至还有很多人自诩为“拖延癌晚期”，这是因为他们从来不知道拖延的严重后果。具体的工作规定在具体时间内完成，逼着自己产生对于时间的紧迫感，这很重要。很多细心的朋友会发现，带着紧迫感做事，能够提升效率，与漫无目的随意地去做，会有很大的差别。最重要的在于，我们一定要在珍惜时间的基础上利用好时间，这样才能让每一分每一秒都如同好钢用在刀刃上一样，用在恰到好处的地方，这是很重要的。

其次，要承担拖延的后果和责任。很多人之所以对于拖延不能做到主动戒除，是因为他们从未真正地意识到拖延的严重后果，也没有为了拖延承担过责任。当有朝一日他们真正因为拖延而损失惨重，并且切实意识到拖延的后果是非常糟糕且严重的，那么他们就会让自己长记性，从而再也不拖延。

最后，过度拖延会给人的心理带来微妙的变化，使人变得消极懈怠，而且常常会在不知不觉间失去斗志。这是因为拖延是一种慢性消耗性的心理疾病，当人们习惯于拖延，就不会再加快速度展开行动，也不会再斗志昂扬地面对人生。这样的情况下，拖延给我们造成的损失当然是非常惨重的。

总而言之，人生经不起拖延，一切的拖延在高效率的人生中都要被戒除，唯有如此，我们才能拥有更好的人生体验，也才能在成长的过程中不断地努力崛起、坚持奋斗。不拖延的人生，才有足够的精彩；不拖延的人生，才有未来可以期待！

你想成就什么事业，就马上去行动

约瑟夫·墨菲说："决定你命运的绝不是才能，更不是环境和外在条件，而是你的思考方式，即你的想法。"从现在起，想象自己能够成为什么样的人，让这种"心想"成为一种习惯，在潜意识强大的力量之下，自己真的会成为想象中的人。你想成为什么样的人，就努力去成为这样的人；你想成就什么事业，就马上去行动。

很多时候，我们都有着自己的想法：希望自己将来能像松下幸之助一样成为获得巨大成功的实业家，希望进入自己梦寐以求的公司，谋得一个称心如意的职位，等等。但是，最终，有的人能够实现自己的愿望，拥有成功的人生；而有的人却无法实现自己的理想，过着不幸福的日子。

阿尔伯特·哈伯德出生于美国伊利诺伊州的布鲁明顿，父亲既是农场主又是乡村医生。年轻时的哈伯德曾在巴夫洛公司上班，是一名很成功的肥皂销售商，但是，他却对此感到不满足。1892年，哈伯德放弃了自己的事业进入哈佛大学学习，然后，他又辍学开始到英国徒步旅行。在旅途中，哈伯德遇到了威廉·莫瑞斯，并喜欢上了莫瑞斯的艺术与手工业出版社。

哈伯德回到美国，他试图找到一家出版社来出版自己的《短暂的旅行》的自传体丛书，但是，他没能如愿。于是，他决定自己来出版这套书，他创建了罗依科罗斯特出版社，书出版之后，哈伯德成为既高产又畅销的作家。随着出版社规模的不断扩大，人们纷纷慕名而来拜访哈伯德，最初游客会在出版社四周住宿，但随着人越来越多，周围的住宿设施已经无法满足了。哈伯德特地盖了一座旅馆，在装修旅馆时，哈伯德让工人做了一种简单的直线型家具，这种家具受到了游客们的喜欢，哈伯德又开始涉足家具创造业。哈伯德公司的业务蒸蒸日上，同时，出版社出版了《菲士利人》和《兄弟》两份月刊，随后《致加西亚的信》的出版使哈伯德的影响力达到了顶峰。

有人说，阿尔伯特·哈伯德拥有无比传奇的一生，他之所以能在多方面都获得成功，就在于他从来都是想做就做，不断地朝着自己的一个又一个目标努力奋进。阿尔伯特·哈伯德一生坚持不懈、勤奋努力地工作，成功对于他来说是理所当然的。在《致加西亚的信》中，阿尔伯特·哈伯德讲述了罗文送信的情节：“美国总统将一封写给加西亚的信交给了罗文，罗文接过信以后，并没有问：‘他在哪里？’而是立即出发。”犹豫、拖沓的生活态度，对许多人来说已经是一种常态，要想成为罗文这样的人，我们就应该马上去做。

人生的精彩源于梦想的精彩，你的行为决定成就的高度。其实，我们每个人都是自己命运的设计师。人生的道路该如何去走，向着什么方向去走，最终要达到什么样的目标……所有这些问题都应该有我们自己的立场，而不需要被别人保证。如果我们想去做事情，为什么不去呢？如果我们失去了尝试的勇气，那么一生也不会有什么大的作为。

许多人总是说：“我想做……”但他们总是停留在口头表达，迟迟不肯行动，前怕狼后怕虎，又想去做，又担心失败，结果就是卡在那里。多年后，依然是平平庸庸，事业也不见起色。

从前有一头毛驴，它拥有两堆草料。它饿了，可是站在两堆草料中间，是去左边还是去右边呢？往左边走走……嗯，还是去吃右边的比较好；往右边走了几步……算了，还是去吃左边那堆好了。走走又回头，回头又走走，于是，这头幸运的、富有的毛驴，就这样在两堆草料间活活地饿死了。这个故事当然是有点夸张，可是，不要说人就不会做这样的傻事。因为人比毛驴聪明，思考能力强，在前思后想中，更容易犹豫不决，失去机会。在生活中，有不少人做事思前想后、顾虑太多，结果在犹豫不决中丧失了绝佳的机会，也失去了改变人生的机会。

目标是否可以实现，关键在于是否及时行动。在任何一个领域里，不努力去行动的人，就不会获得成功。正所谓“说一尺不如行一寸”，任何希望、任何计划最终必然要落实到具体的行动中。只有及时行动才可以缩短与目标之间的距离，也只有行动才能将梦想变为现实。如果你只是心里想想，而总是考虑其他因素，错过了及时行动的机会，那会后悔莫及。

人生有三大憾事：遇良师不学；遇良友不交；遇良机不握。很多人把握不住机遇，不是因为他们没有条件，没有胆识，而是他们考虑得太多，在患得患失间，机遇的列车在你这一站停靠了几分钟，又向下一站行驶了。我们生活在一个激烈竞争的时代，很多机会本来就是稍纵即逝的。每每，在优柔寡断的人左思右想的时候，机会已经溜到了别人手里，把他远远抛在了后面。

抓紧时间做自己想做且该做的事情

玛雅人说2012年就是世界末日，这个预言着实让很多人都非常惊慌，也很无奈。如今，时光已经到达2020年，可想而知时光过得多么快。人类并没有从这个地球上消失，世界末日也没有如约到来，如果告诉你“要把每一天都活成最后一天”，你会做何反应呢？你一定会非常困惑：世界末日的谣言已经破了，难道又出来新的谣言了吗？当然没有。这里所说的，把生命中的每一天都当成最后一天去过，实际上是为了让我们珍惜生命的宝贵时光，抓紧时间做自己想做且应该去做的事情，这样才能在生命戛然而止的时候无怨无悔，也才能在人生中面临各种突如其来打击的时候，因为做好了充分的准备，而不至于手足无措。

假如今天就是你生命中的最后一天，你会选择做什么？有的人要去狂欢，有的人要去做一直想去而不敢做的事情，有的人要与心爱的女孩告别，有的人要和最爱的孩子紧紧地拥抱在一起……写到这里，脑海中突然呈现出电影《泰坦尼克号》中的画面，在画面中，既有惊慌失措四处逃生的人，也有相互依偎着等待死神降临的母子、老年夫妻……他们大概知道自己逃不开这个劫难，为此就选择坦然接受。他们的脸上没有恐慌的表情，而是非常安静祥和，甚至带着微微的笑容。这样的画面美极了，他们一定无怨无悔，因为他们这一生拥有爱，也付出爱，而且还可以和自己最挚爱的人永远在一起，度过生命中最后的时光。当然，这是无奈的选择，如果可以好好地活着，谁又愿意死去呢？所以我们要坦然面对人生的最后一天，不是为了死去，而是为了更好地活着，充实，无所畏惧，而且也从容。

假如今天就是生命中的最后一天，你会怎么做呢？一定是和所爱的人在一起相依相伴，不会轻易放弃，不会轻易惊慌，而是一起做我们喜欢做的、想做的事情，这样才能安静祥和地离开。不要再和父母吵架，父母想让我们多穿些衣服，那就多穿一些吧；不要再批评孩子，孩子想多玩一会儿，就让孩子多玩一会儿；不要埋怨爱人，人生相伴而行不容易，能够彼此包容和理解就是夫妻之间相处的最高境界……怀着一颗宽容的心原谅一切，怀着一颗豁达的心做好一切，不因为生命转瞬即逝就放弃，哪怕还有一天可以活，也要获得精彩，获得兴致盎然。

这只是设想而已，当生命真的只剩下最后一天，而且我们也知道生命只有一天的时光，我们一定会突然发现原来生命中有那么多遗憾需要弥补，有那么多需要做的事情让我们着急。为了避免这样的情况出现，我们最该做的就是过好人生的每一天，这样不管生命在何时戛然而止，我们都可以做到无怨无悔、无惧无怕。

此时此刻，你在做什么呢？如果你和父母在同一个地方生活，那么就赶紧去看望父母吧；如果你独自一人在大城市打拼，那么就赶紧打个电话回家问候父母，了解父母的身体状况，也可以向父母汇报我们孤身在外的情况。父母是这个世界上最爱我们的人，也是最牵挂我们的人。不要对父母报喜不报忧，因为哪怕我们把独自在外的日子说得再好，父母也总是会揣测我们的辛苦，既然如此，还不如告诉他们真实的情况，让他们知道我们就是这样生活的，也减少了他们的忧虑。

珍惜生命的宝贵时光，不但要抓紧时间认真工作，而且要爱惜身体。近些年来，常常会有人猝死的事件发生，这为每个人都敲响了警钟。人生，要坚持可持续发展，把每一天当成最后一天去珍惜着过，而不要把每一天都当成最后一天去肆无忌惮地拼命。人生中一切的事情，只有在以生命为基础的前提下才能有意义。只要把每一天都活好，就一定能活出独属于自己的精彩人生，也就真正把握了人生。为此，不要懈怠，要以认真的态度活出人生最美好的姿态！

参考文献

[1]李宏民. 低调做人的格局[M]. 济南：山东文艺出版社，2018.

[2]吕荇. 心量决定气量，格局决定结局[M]. 北京：中国华侨出版社，2014.

[3]刘丽云. 决定你人生的不是能力，而是格局[M]. 南京：江苏凤凰出版社，2018.